R 을 활용한 기초 환경자료 분석 및 시각화 제2판

KB077612

R을 활용한 기초 환경자료 분석 및 시각화 제2판

통계 초보자를 위한 실제 환경 측정자료로
학습하는 R 프로그램 활용법

이태권 저

씨
아이
알

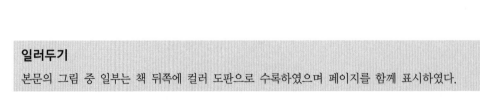

일러두기

본문의 그림 중 일부는 책 뒤쪽에 컬러 도판으로 수록하였으며 페이지를 함께 표시하였다.

2판 서문

"R을 활용한 기초 환경자료 분석 및 시각화"의 초고를 작성했을 때의 희열이 아직 남아 있는데 벌써 개정판을 내게 되었습니다. 초고를 작성할 때부터 머신러닝 기법을 담고 싶었지만, 환경자료를 다루는 대부분의 분들이 아직 머신러닝 기법을 필요로 하지 않을 거란 짧은 생각에 굳이 넣지 않았습니다. 하지만 1년 반 사이에 머신러닝 분석 기법은 환경 분야뿐만 아니라 어느새 우리 삶에 깊숙이 스며들었습니다. 환경자료 역시 머신러닝 기법을 사용하지 않으면 안 될 시기가 온 것 같아 개정판에 포함시킬 수밖에 없었습니다. 머신러닝 기법이 환경자료에 적용되는 시기가 가까워진다는 것은 그만큼 환경자료 분석에 대한 관심이 높아진다는 의미이므로 비록 기초적인 방법이지만 머신러닝 기법이 개정판에 포함되는 것만으로도 저자는 정말 기쁩니다.

R은 지금 이 순간에도 R을 사용하고 있는 모든 사용자에 의해서 발전되고 있고, 그 사용 범위와 방향도 점차 확장되고 있습니다. 또한 R의 성능도 개선되고 있고, 더 많은 패키지를 통해서 사용자들이 더 쉽게 R을 사용하기 시작했습니다. 그러므로 R 프로그램은 과학 분야에서 차세대 통계 및 시각화 프로그램으로 손색없을 것으로 생각합니다. 환경 분야뿐만 아니라 과학에 종사하는 모든 사람들과 R 프로그램에서 획득한 결과에 대해 어렵지 않게 논의를 할 수 있는 시간이 도래하여, 새롭게 우리 분야를 시작하는 연구자들도 자연스럽게 R을 접했으면 좋겠습니다.

마지막으로 이번 개정에 도움이 된 "환경자료분석 개론" 수업을 들은 학생들과 외부 강연에 참관한 모든 수강생들에게 감사의 말씀을 드립니다. 덕분에 기존의 챕터들도 이해하기 쉬운 문장들로 수정할 수 있었습니다. 그 밖에 이 책을 사랑해주시는 모든 독자들에게 감사의 인사를 드립니다.

2019년 8월

이태권

서 문

환경 분야에 종사하는 연구진, 현장 실무자들과 대화할 때면 다음과 같은 말을 종종 듣곤 합니다.

A 다양한 형태의 측정값들이 쌓여만 가는데 효율적으로 정리할 방법이 없어요.

B 엑셀로 처리하기에는 너무 방대한 자료라서 어디서부터 분석을 시작해야 할지 모르겠어요.

C 중요한 측정값들을 지도교수님 혹은 책임연구원에게 어떻게 보여드려야 할지 모르겠어요.

환경자료 분석은 다양한 형태의 환경자료를 효과적으로 분석하여 의미 있는 해석을 도출하는 데 도움을 줍니다. 의미 있는 해석이라는 정의가 매우 모호하기는 하지만 최소한 환경자료를 이용하는 모든 분들이 환경자료를 보다 포괄적으로 이해하고 의사결정을 내리는 데 도움이 될 수 있습니다. 그러나 대부분의 연구실 혹은 사무실에서 이루어지는 환경자료 분석은 획득한 자료를 Excel 파일에 정리하고, Excel 혹은 SigmaPlot에서 제공하는 Graphic tool을 활용하여 그래프로 나타내는 수준으로 마무리하는 경우가 많아서 위의 말을 들을 수밖에 없다고 생각이 듭니다.

위와 같은 말을 할 수밖에 없는 상황에 대해서 자세히 생각해보면 다음과 같은 상황에 놓여 있을 거라 생각합니다.

A 자료들의 구조보다는 개별적 특성에 집중하려는 상황

B 자료를 해석하기 위한 가설을 검정하기보다 자료로부터 가설을 확보하려는 상황

C 막대 혹은 선 그래프와 같이 제한적인 가시화 방법과 통계적인 검정 방법만을 알고
  있는 상황

사실 지은이도 대학원생 초기에는 위의 상황과 별 다를 바가 없었던 것으로 기억합니다.
측정값의 전체적인 방향보다는 다른 결괏값보다 튀는 특정값에 대해 더 집중하게 되고, 자
료 더미에 빠져 세워두었던 가설을 잊은 채 자료 자체를 해석하려고 하다 보니 자료 분석
에 소요되는 시간이 길어지고 의미 있는 해석을 도출하기 어려웠습니다. 하지만 미국 연수
중 우연히 R 소프트웨어를 접하고 나서부터 그 상황에서 벗어날 수 있었던 것 같습니다.
R 프로그램은 자료 분석, 통계 분석에 최적화되어 있는 언어이니, 전체적인 통계적 검정이
용이하여 자료 분석을 수행할 때 중심이 흔들리지 않을 수 있습니다. 또한 다양한 방법으
로 결과를 가시화하기가 용이하여 지도교수님뿐만 아니라 동료들과의 소통도 원활하여 자
료 분석 방향을 재설정할 때도 큰 도움이 되었던 것으로 기억합니다. 익숙해지면 익숙해질
수록 논문이나 보고서에서도 R에서 분석된 통계 결과와 그래프를 그대로 실을 수 있으므
로 R에 대한 범용성은 점점 넓어지고 있다고 생각이 듭니다.

이 책은 "환경자료분석 개론"이라는 수업을 진행하면서 보다 효율적으로 학생들에게 강
의를 전달하고자 책의 형태로 준비하게 되었습니다. 시중에는 R의 활용법에 대해서 자세
하게 설명되어 있는 책자는 쉽게 찾을 있으나 환경자료를 대상으로 분석하는 내용의 책이
없다 보니 가깝게는 학과 학생들뿐만 아니라 환경 분야에 종사하는 분들이 쉽게 R 프로그
램을 사용할 수 없어 안타까웠습니다. 그래서 환경부에서 제공하는 환경자료를 직접 입력
자료로 활용하여 실무자들이 가질만한 주요 질문들을 바탕으로 책을 정리하였습니다. 환경
자료 분석에 필요한 필수 R 함수들은 기본적으로 다른 책을 참고하여 정리하였고, 구글 검
색과 스택 오버플로를 헤매면서 보완하여 환경 분야에 종사하는 분들이 누구나 상황에 따
라 R을 쉽게 활용할 수 있게 책을 구성하였습니다. 다만 기존의 R 관련 책과 달리 R의 기
본 활용에 대해서는 자세하게 다루지 않았습니다. 시중에 좋은 R 관련 서적들이 이미 많이
존재하거니와 기본을 하나씩 쫓다 보면 방대한 R에 대해 쉽게 지쳐버리는 경우가 많기 때
문에 이 책은 R을 이용해서 환경자료 분석에 흥미를 갖게 하는 정도 수준으로 정리하였으
니 필요시 반드시 다른 책자를 구매하여 공부하기를 바랍니다.

R을 배울 수 있었던 두 외국인 친구에게 고맙다는 말을 전하고 싶습니다. 2009년 미국 연수 당시 Ederson Jesus는 R이란 소프트웨어를 지은이에게 처음 눈뜨게 해줘서 지금까지 R을 연구의 동반자처럼 여기게 해주었습니다. 그리고 비엔나대학교에서 박사후 연구원으로 재직 시 자료 분석할 때마다 David Berry는 R Script 작성부터 응용 및 가시화에 대해 진심어린 조언으로 해주어 지은이의 R 응용력을 높여주었습니다.

마지막으로 지난 2년 동안 연세대학교 환경공학과 "환경자료분석 개론"을 수강한 학생들에게 감사의 말을 전하고 싶습니다. 수업을 준비하면서 할 수 있는 만큼의 최선의 노력을 다했지만 부족함이 많아 하고 싶은 말을 전달하지 못할 때도 많았는데, 열정적인 수업 참여로 다양한 질문과 피드백으로 이렇게 수업 내용을 책으로 엮을 수 있었습니다. 내년부터는 이 책을 이용해서 우리 학과 학생들뿐만 아니라 환경 분야의 종사자들이 모두 환경자료 분석에 익숙해지기를 기대해봅니다.

2018년 2월

이태권

CONTENTS

환경 분야에서
자료 분석이란?

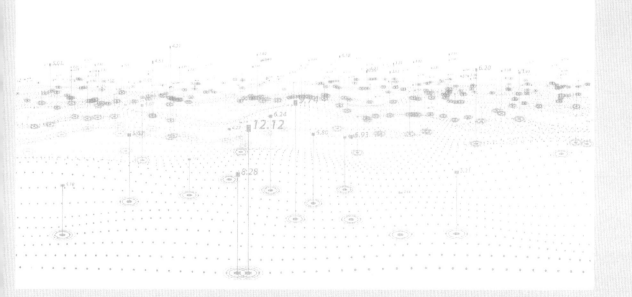

CHAPTER 01 환경 분야에서 자료 분석이란?

1.1 환경자료란?

환경자료란 환경의 상태(state)를 적절한 측정 기술을 이용하여 획득한 결괏값 혹은 통계 정보를 총칭한다. 환경부에서는 대기, 수질, 소음, 토양/지하수 측정망의 지역별 자료를 관련 홈페이지에서 제공하므로 환경자료를 어렵지 않게 확보할 수 있다.[1] 또한 환경통계포털 사이트를 이용하면 분야별 통계, 환경 통계연감, 주요 환경지표 등의 자료를 제공받을 수 있을 뿐만 아니라 웹 혹은 모바일 앱 개발에 활용할 수 있도록 개방형 API (Application Programing Interface)를 제공하므로 환경통계포털의 자료를 사용자 중심으로 활용할 수 있다.

---

[1] 대기오염도 실시간 공개시스템 : www.airkorea.or.kr
물환경정보시스템 : water.nier.go.kr
국가소음정보시스템 : www.noiseinfo.or.kr
토양지하수정보시스템 : sgis.nier.go.kr

그림 1.1 환경측정·통계자료 제공 사이트

1.2 환경자료에 대처하는 자세 및 우리의 현실

최근 들어 환경 측정기술의 자동화로 실시간 수준의 환경자료가 생산되며, 자료량이 기하급수적으로 늘어났다. 이에 환경자료의 활용 방안에 대한 전문가들의 고민도 깊어지고 있다. 기존 환경자료 분석은 정부에서 지정하는 특정 기준의 초과 여부를 중요시하였다면, 현재는 지역별·용도별 자료 결괏값의 차이를 인식하고 문제를 일으키는 인자와 해결 방안의 도출까지 요구된다. 하지만 환경공학을 가르치는 대학과 기관에서는 환경자료 분석 전문가를 배출하는 교육과정이 부족하다 보니 환경 지식이 부족한 통계 전문가가 해당 영역을 채우고 있는 실정이다.

통계 결과는 어떤 식으로 결괏값이 나타날지는 모르지만 그 결괏값을 해석하는 분석가에 따라 활용 방향과 범위가 달라지기 때문에 환경에 대한 전문 지식을 보유한 분석가가 반드시 필요하다. 향후 AI(Artificial Intelligence)와 자동화 측정설비들이 결합된 환경자료 관리시스템이 도입되어 국가 전체의 환경자료가 통합 관리될 때 필요한 환경자료 전문 분석가들을 지금부터 미리 양성할 필요가 있다.

1.3 환경 분야에서의 자료 분석 흐름

방대한 환경자료를 분석하기 위해서는 더욱더 과학의 기본을 놓치지 말아야 한다.

'가설 수립 → 자료 수집 및 가공 → 실험 → 가설 검정 → 결론'을 기본으로 하는 절차는 반드시 지켜야 한다. 모든 통계적 검정의 기본은 가설이며, 가설이 없는 검정은 아무런 의미가 없기 때문에 자료 분석을 시작하기에 앞서 우선적으로 가설을 수립해야 한다. 단, 'A는 B일 것이다'라는 단순한 가설 수립은 지양해야 할 것이다. 모든 환경자료는 서로 얽혀 있으며, 단 하나의 자료도 독립적으로 의미를 갖기 어렵다. 그러므로 가설을 수립할 때 가설과 연관된 다양한 자료의 수집까지도 진지하게 고민해볼 필요가 있다.

자료 분석에서의 실험은 다양한 자료와 통계 분석을 이용해서 가설을 검정하는 일련의 과정을 이야기한다. 환경자료에서 필요한 필수적인 통계 분석을 본 서에 담았으나 담지 못한 통계 분석 기술은 필요시 다른 자료들을 찾아 활용해보아야 할 것이다.

마지막으로 분석 결과를 누군가에게 효과적으로 설명하기 위해서는 적절한 가시화 방법이 필요하다. 기존에 주로 활용하였던 점그래프나 막대그래프에서 벗어나 가설 검증에 필요한 그래프까지 그려낼 수 있다면 환경 분야에서 자료 분석 전문가로서 한걸음 내디뎠다고 할 수 있다.

CHAPTER 02

R 프로그램 기초

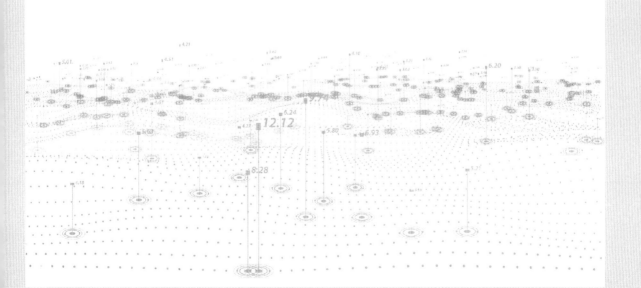

CHAPTER 02 R 프로그램 기초

2.1 R이란?

R은 통계 분석과 가시화에 최적화되어 있는 오픈소스의 소프트웨어로서 Windows, MacOS, Unix 등 다양한 플랫폼에서 활용할 수 있다.

사용자가 R을 쉽게 활용하기 위해서는 R project 홈페이지(www.r-project.org)에서 R을, RStudio 홈페이지(www.rstudio.com)에서 RStudio를 다운로드해야 한다. R은 Windows의 명령프롬프트, MacOS의 Terminal과 유사한 공간에서 R언어를 실행하는 프로그램이며, RStudio는 R을 보조하는 프로그램으로 사용자 인터페이스를 향상시켜주는 프로그램이다.

2.1.1 R 설치하기

R project 홈페이지의 Download 메뉴를 클릭하면, 국가별로 지정되어 있는 CRAN(The Comprehensive R Archive Network)의 URL을 통해 R을 다운로드할 수 있다. 국내의 CRAN은 NexR, 서울대학교, 울산과학기술대학교이며 세 URL 모두 동일한 R 다운로드 사이트로 연결된다. 자신의 운영체제에 맞는 프로그램을 선택하여 설치한다. 주의할 점은 최

근 운영체제의 보안수준의 향상으로 R 프로그램 설치 후 사용이 제한적인 경우가 종종 발생하기 때문에, 운영체제별 해결 방안에 대해서 미리 숙지한 후 설치해야 한다.

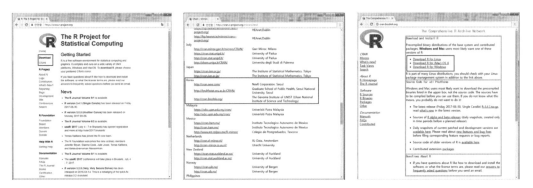

그림 2.1 R-project 홈페이지에서 R 설치하기

2.1.2 RStudio 설치 및 실행하기

RStudio 홈페이지의 하단 메뉴에 위치해 있는 Download를 선택하면, 오픈소스와 상업용 라이센스에 따라 RStudio 다운로드 혹은 구매 메뉴를 확인할 수 있다. 개인 사용자는 RStudio Desktop(open Source License)의 Download 메뉴를 클릭하여 자신의 컴퓨터 운영체제에 맞는 프로그램을 설치한다.

그림 2.2 RStudio 홈페이지에서 RStudio 설치

이제 RStudio를 실행해보자. RStudio는 기본적으로 4개의 창으로 구성되어 있다. Untitled1 (저장 이름에 따라 변경)은 R Script(함수)를 실질적으로 작성하고 수정할 수 있는 공간이고(File>New File>R Script), Console은 작성된 R Script가 실질적으로 수행 및 결괏값이 출력되는 공간이다. Environment/History 창은 R Script가 수행되며 발생되는 할당값 및 함수들이 일시적으로 저장된 형태를 보여주는 공간이며, File/Plot/Package/Help/Viewer의 여러 탭으로 구성되어 있는 창은 R 프로그램 수행 시 필요한 경로, 그래프, 패키지, 도움말 등을 제공하는 창이다. 자세한 내용은 차차 알아보자.

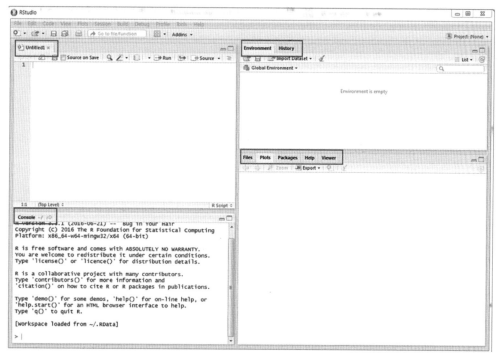

그림 2.3 RStudio에서 기본 창

2.2 R언어 기초

R을 처음 이용하는 사용자들은 R언어를 C언어, JAVA와 같은 컴퓨터 언어로 접근하려다 보니 심리적으로 매우 위축되어 시작부터 겁먹는 경우가 상당하다. 물론 기존의 컴퓨터

언어에 익숙한 사용자가 R을 쉽게 배울 수 있는 것도 사실이지만, 기존 컴퓨터 언어를 모르더라도 금방 배울 수 있으니 처음부터 겁낼 필요는 없다. 뒤에 나오는 내용들을 천천히 따라하다 보면 자연스럽게 익숙해질 것이다. 어느 정도 익숙해지고 나서 필요한 함수나 옵션들은 R에서 제공하는 설명서와 예시를 직접 찾고 연습하는 습관을 갖게 되면 R을 사용하는 자료 분석 생활에 어느덧 다가와 있음을 느끼게 될 것이다.

2.2.1 CRAN에 있는 R 패키지 설치하기

R의 장점 중 하나는 '패키지'이다. R 패키지는 R 사용자가 특정 분석에 필요하다고 판단되는 함수들을 모아놓은 집합체로써 긴 R script를 매번 작성할 필요 없이 패키지에 포함되어 있는 함수를 바로 사용하면 된다. 함수란 특정 통계분석에 필요한 긴 R script를 간단한 명령어로 표현한 것으로써 단축키라고 생각하면 이해하기 쉽다. CRAN에 등록되어 있는 R 패키지를 설치하는 방법은 오른쪽 하단창의 Package 메뉴를 클릭한 후, Install을 클릭하여 원하는 패키지를 검색하여 설치하면 된다.

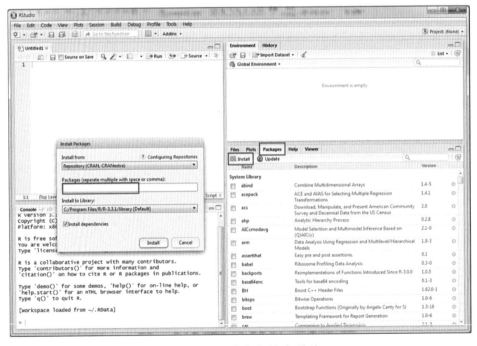

그림 2.4 R 패키지 설치 화면

'vegan'이라는 패키지를 설치할 경우, Console 창에 install.packages("vegan")라는 함수와 함께 해당 패키지가 설치되는 것을 볼 수 있다. Package는 메뉴를 이용하지 않고, Console 창에 install.packages("패키지명")을 작성할 경우 동일하게 패키지를 설치할 수 있다. 주의할 점은 함수 이후 괄호 안에 패키지명을 작성할 때 반드시 " "를 붙여야 한다.

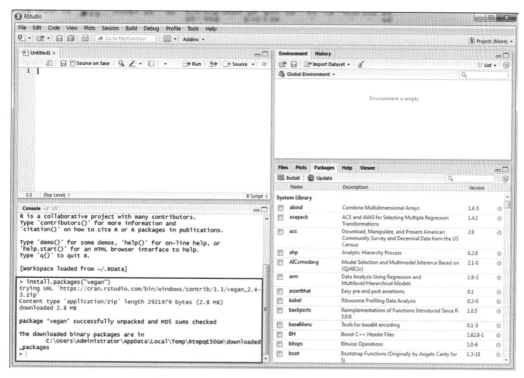

그림 2.5 Console 창에 vegan 패키지 설치 화면

2.2.2 R에서 변수 입력 및 할당

R은 숫자형 자료와 문자형 자료를 모두 인식한다. R은 자체적으로 기본 연산이 가능하기 때문에 숫자형 자료를 입력하여 연산할 경우 그 결괏값이 그대로 출력된다. 예를 들면, 1+2를 입력하고 명령어를 실행(드래그+Run 혹은 같은 줄에서 Control+enter)하면 3으로 출력된다.

모든 자료는 할당을 통해 R상에서 저장된다. 예를 들면, 1을 A에 할당하면(A=1), A를 출력 시 항상 1이 출력된다. 다음의 화면과 같이 A와 B에 1과 2로 할당하면 A+B의 연산값도 수학의 대입법처럼 연산되게 된다. R에서 할당은 개별 자료뿐 아니라 집단자료(dataset)를 지정할 수 있다. 문자형 자료는 할당 시 " "를 사용해서 할당한다. 숫자형 자료도 " "를 이용하여 할당하게 되면 문자형 자료로 인식하게 된다.

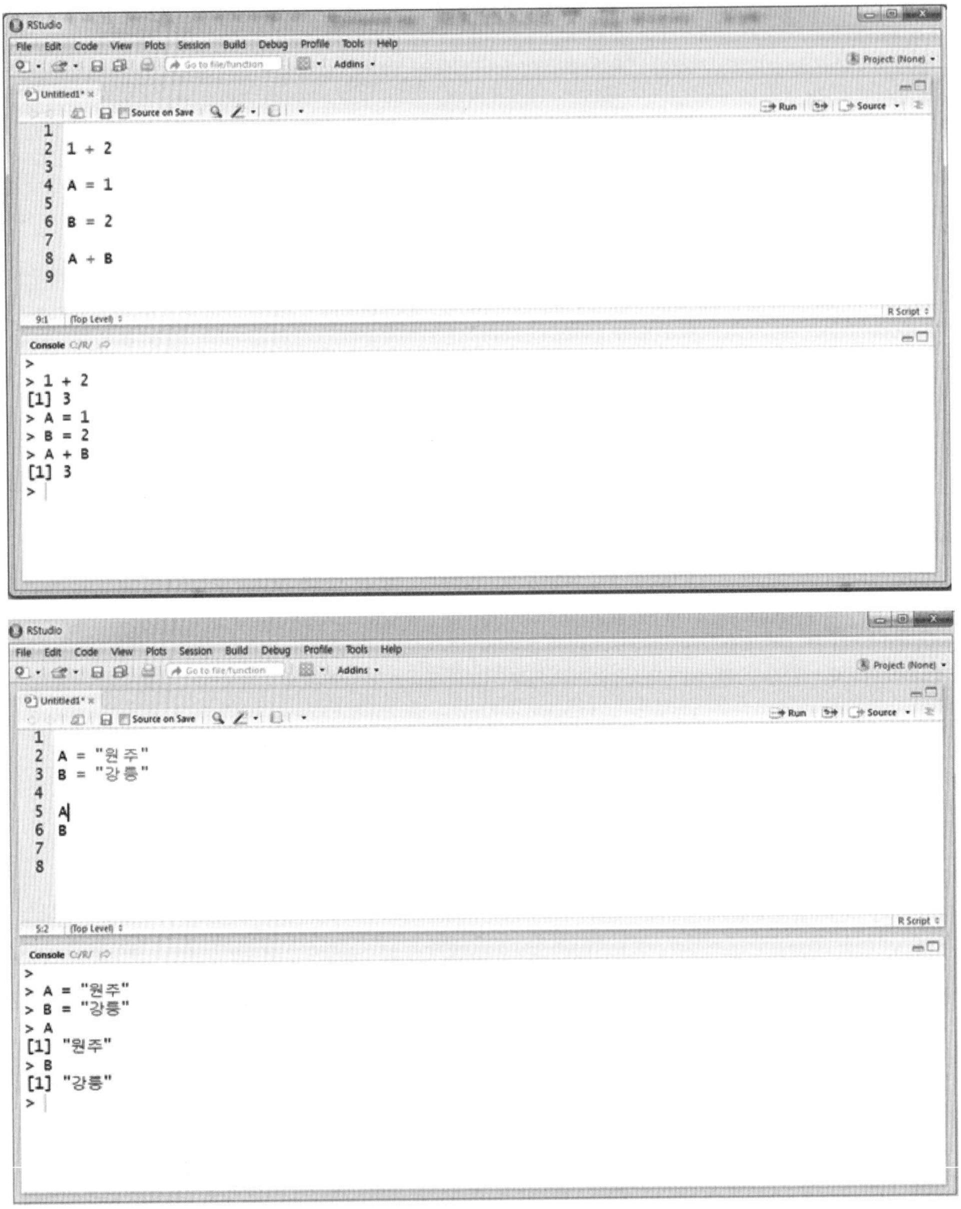

그림 2.6 자료 입력하기와 할당

2.2.3 작업 폴더 설정하기

R은 작업 폴더를 지정할 경우 작업 폴더로부터 원하는 자료를 직접 불러와서 분석에 사용할 수 있다. 물론 함수를 작성하면서 폴더 경로를 직접 입력해주어도 되지만, 분석 프로젝트별로 작업 폴더를 별도로 설정하여 관리하면 보다 용이하게 자료 분석이 가능하다.

우측 하단 창에서 File 메뉴의 우측에서 '…'를 확인할 수 있다. '…'를 클릭하면 폴더 찾아보기 창이 팝업되는데, 폴더 경로를 찾아서 클릭하면 된다. 그러면 작업 폴더 경로가 메뉴 하단에 표시된다(C:〉R, 사용자 지정). More 메뉴를 누르면 Set As Working Directory라는 메뉴가 보이는데, 클릭하면 설정한 경로를 작업 폴더로 인식하게 된다.

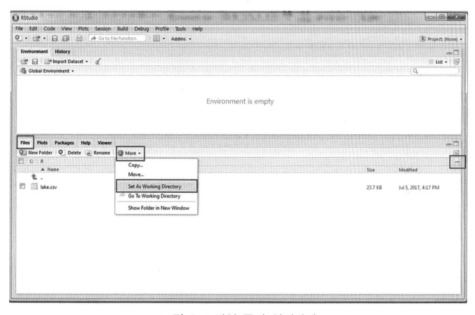

그림 2.7 작업 폴더 설정하기

2.2.4 환경자료 만들기

여기서부터는 지은이가 환경부 물환경정보시스템에서 획득한 환경자료를 이용해서 분석에 활용토록 하겠다. 환경자료는 농업용수(1단계 자료 분류) 중 강원도 지역(2단계 지역선택 : 행정구역)에서 강릉, 원주, 춘천에 위치해 있는 농업용 저수지의 수질 결과를 2012~2015년 (3단계 조회기간) csv 파일로 추출하여 활용하였다. 추출된 파일 중에 연도, 월, 계절은 각각의 변수로 구분하여 새로 작성하였으며, 측정 변수들의 제목은 각각 약자로 변형하여 다음과 같은 파일로 저장하여 분석에 활용하였다. 해당 파일(lake.csv)은 씨아이알 홈페이지 자료실에서 다운로드 받을 수 있다.

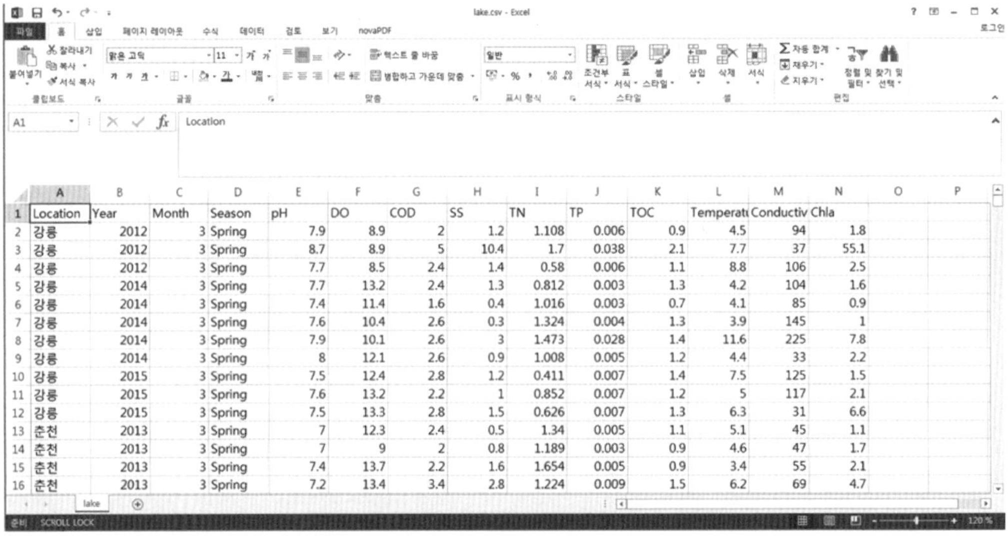

	Location	Year	Month	Season	pH	DO	COD	SS	TN	TP	TOC	Temperatı	Conductiv	Chla
2	강릉	2012	3	Spring	7.9	8.9	2	1.2	1.108	0.006	0.9	4.5	94	1.8
3	강릉	2012	3	Spring	8.7	8.9	5	10.4	1.7	0.038	2.1	7.7	37	55.1
4	강릉	2012	3	Spring	7.7	8.5	2.4	1.4	0.58	0.006	1.1	8.8	106	2.5
5	강릉	2014	3	Spring	7.7	13.2	2.4	1.3	0.812	0.003	1.3	4.2	104	1.6
6	강릉	2014	3	Spring	7.4	11.4	1.6	0.4	1.016	0.003	0.7	4.1	85	0.9
7	강릉	2014	3	Spring	7.6	10.4	2.6	0.3	1.324	0.004	1.3	3.9	145	1
8	강릉	2014	3	Spring	7.9	10.1	2.6	3	1.473	0.028	1.4	11.6	225	7.8
9	강릉	2014	3	Spring	8	12.1	2.6	0.9	1.008	0.005	1.2	4.4	33	2.2
10	강릉	2015	3	Spring	7.5	12.4	2.8	1.2	0.411	0.007	1.4	7.5	125	1.5
11	강릉	2015	3	Spring	7.6	13.2	2.2	1	0.852	0.007	1.2	5	117	2.1
12	강릉	2015	3	Spring	7.5	13.3	2.8	1.5	0.626	0.007	1.3	6.3	31	6.6
13	춘천	2013	3	Spring	7	12.3	2.4	0.5	1.34	0.005	1.1	5.1	45	1.1
14	춘천	2013	3	Spring	7	9	2	0.8	1.189	0.003	0.9	4.6	47	1.7
15	춘천	2013	3	Spring	7.4	13.7	2.2	1.6	1.654	0.005	0.9	3.4	55	2.1
16	춘천	2013	3	Spring	7.2	13.4	3.4	2.8	1.224	0.009	1.5	6.2	69	4.7

그림 2.8 물환경정보시스템에서 확보한 환경자료

2.2.5 외부파일(.csv) 불러오기

Windows 운영체제를 사용하는 연구자들 중에는 실험을 통해서 확보한 측정 자료 혹은 외부자료를 정리할 때 Excel을 이용하는 경우가 상당히 많다. 아쉽게도 R은 Excel에 기본 저장 확장자인 .xlsx 혹은 .xls를 인식하지 못하기 때문에, 다른 이름 저장에서 txt 파일 혹은 csv 파일로 저장해서 불러와야 한다. csv는 comma separated value의 약자로 몇 가지 필드를 쉼표(,)로 구분한 텍스트 파일이며, 저장 시 Excel 저장 형태로 동일하게 열리기 때문에 Excel에 익숙한 연구자도 어렵지 않게 사용할 수 있다.

csv 파일을 R에 불러오려면, read.csv("파일명.csv") 함수를 사용한다. lake.csv 파일을 불러올 경우, lake.csv 파일의 자료를 console 창에서 확인할 수 있다. 여기서 열(row) 번호의 시작이 각 변수의 제목(Location, Year, Month 등)이 아니라 결괏값부터 시작함을 알 수 있다. 이는 read.csv( ) 함수에 변수의 제목을 인식하는 함수 옵션(header)의 default 값이 header＝TRUE로 지정되어 있기 때문이다. 즉, read.csv("lake.csv", header＝TRUE)의 함수로 인식되기 때문이다.

　불러온 파일을 후속 분석하기 위해서는 앞서서 배운 할당을 이용해서 R상에 저장해야한다. 불러온 lake.csv 파일을 lake에 할당해보자(lake＝read.csv("lake.csv")). 할당한 자료는 head( ) 혹은 tail( )을 이용해서 항상 확인하는 습관을 갖자. head( )와 tail( )은 자료의 최초 6열 혹은 마지막 6열의 자료를 보여주는 함수이다. 자료의 구조를 확인할 때 자주활용하는 함수이니 익숙해지도록 하자.

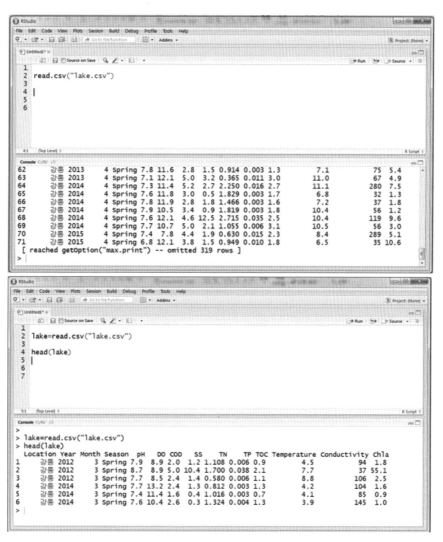

그림 2.9 csv 파일 불러오기와 head( ) 함수 활용

2.2.6 자료의 행과 열 선택하기

자료를 분석할 때 확보한 자료를 처음부터 모두 분석하기는 매우 어렵다. 분석 초기에는 특정 변수를 집중적으로 분석하는 경우가 많은데, 이때 자료의 행과 열을 선택하는 함수는 매우 용이하다.

할당한 자료(lake) 바로 뒤에 lake[열, 행]를 사용할 경우 원하는 열과 행의 자료를 선택할 수 있다. 예를 들면, lake[1,]와 lake[, 1]은 각각 1열과 1행의 모든 자료가 출력되어 나온다. 행의 경우에는 [ ]를 사용하지 않고, $변수명을 활용하여 선택할 수도 있다. pH 변수의 모든 열 자료를 선택하고자 하면 lake$pH라고 작성하면 된다.

자료 선택은 범위를 지정하여 선택이 가능하다. [ ] 안에 열과 행의 범위를 ':'를 이용하여 설정하며, 해당 구간의 자료들이 선택된다. 행과 열을 구간이 아닌 개별적으로 지정하려면 c( )를 이용해서 사용하면 된다. 이때 구간 지정도 동시에 활용할 수 있다.

2.2.7 기본 함수 익히기

Excel과 마찬가지로 R도 수학함수를 제공한다. Excel에서는 자료 구간(array)을 지정하여 구간의 평균, 표준편차 등의 수학함수를 계산할 수 있다. R에서도 앞에서 배운 자료 선택을 이용해서 다양한 수학함수를 활용할 수 있다.

자료의 개별값을 넣어서 계산해주는 수학함수도 있지만, 자료(x=data; x로 할당된 자료 뭉치)를 동시에 계산하는 것도 가능하다. 예를 들면 앞서 배운 것처럼 자료의 특정 행을 선택한 값을 괄호 안에 넣어주면 해당 수학함수 결괏값이 출력된다.

표 2.1 R에서 사용하는 주요 수학함수

함수	기능	R에서 실행(x=data)
sqrt( )	제곱근	sqrt(4)=2
round( )	소수점 이하 반올림	round(3.678,2)=3.68
log( ), log10( )	자연로그값, 상용로그값	log(x), log10(x)
mean( )	평균	mean(x)
sd( ), var( )	표준편차, 분산	sd(x), var(x)
sum( ), prod( )	합계, 곱	sum(x), prod(x)
min( ), max( )	최솟값, 최댓값	min(x), max(x)

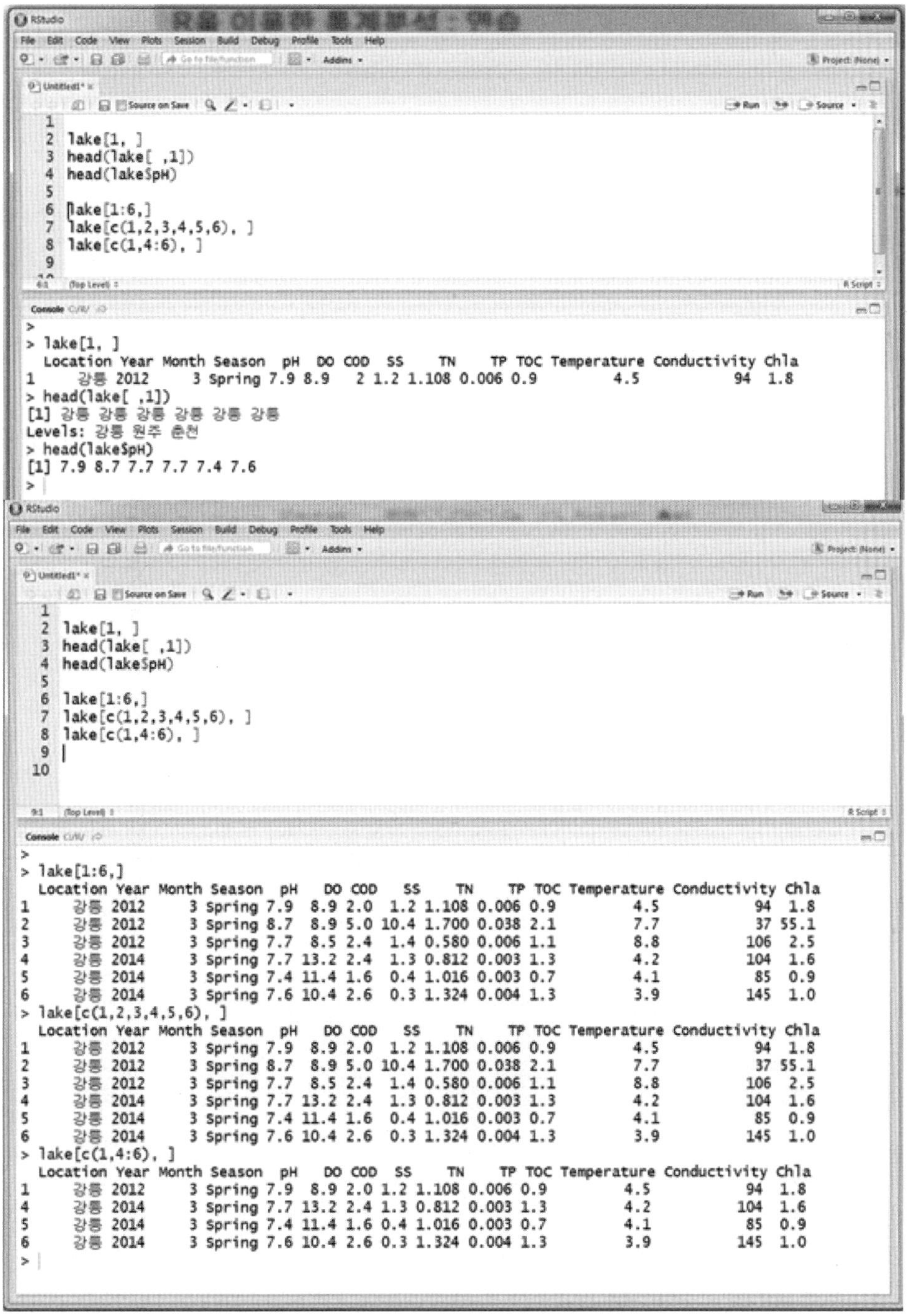

그림 2.10 자료의 행과 열 선택하기

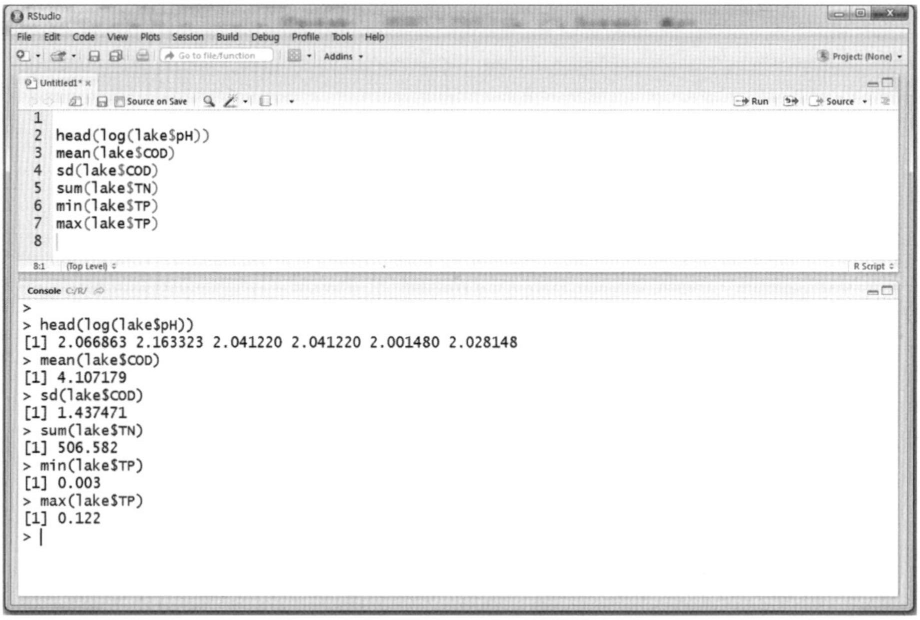

그림 2.11 수학함수 연습

표 2.2 R에서 사용하는 주요 기술통계

함수	기능	R에서 실행(x＝data)
table( )	빈도	table(x) : 빈도를 계산 Table(x,y) : x와 y의 교차표
summary( )	요약 통계량	summary(x) : min, Q1, median, mean, Q3, max
tapply( )	그룹 기술통계	tapply(분석변수, 집단변수, 기술통계)
sapply( )	데이터 기술통계	sapply(dataset, 기술통계) : 데이터의 기술통계 계산

그밖에 R에는 기술통계 함수들이 존재한다. Excel보다 비교적 간단한 함수로 자료의 요약 결과를 제공한다. 예를 들면 table( )의 경우에는 자료의 빈도수를 계산해주는 기술통계로, table(lake$Location)을 수행 시 Location 변수에 포함되어 있는 강릉, 원주, 춘천의 빈도 결과를 출력해준다(강릉 175개, 원주 143개, 춘천 72개). 주로 범주형 자료의 빈도수를 확인하는 데 용이하다. summary( ) 함수는 요약 통계량을 제공하는 함수로 자료의 최솟값(min), 최댓값(max), 1사분위(Q1), 3사분위(Q3), 평균값(mean), median(중간값)을 동시에 나타낸다. 자료의 특성을 신속하게 확인하는 데 필요한 주요 기술통계 함수이다.

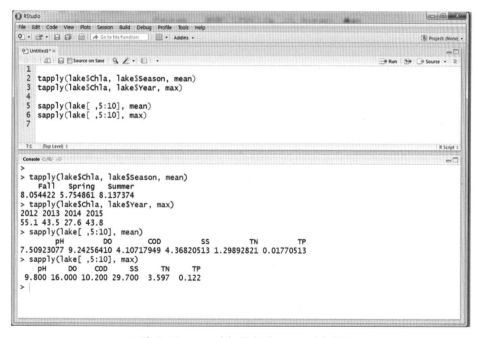

```
1
2  table(lake$Location)
3  table(lake$Season)
4
5  summary(lake$Location)
6  summary(lake$pH)
7
```

```
> table(lake$Location)

강릉 원주 춘천
 175  143   72
> table(lake$Season)

  Fall Spring Summer
   147    144     99
> summary(lake$Location)
강릉 원주 춘천
 175  143   72
> summary(lake$pH)
   Min. 1st Qu.  Median    Mean 3rd Qu.    Max.
  6.300   7.200   7.500   7.509   7.700   9.800
>
```

그림 2.12 table( ) 함수와 summary( ) 함수

```
1
2  tapply(lake$Chla, lake$Season, mean)
3  tapply(lake$Chla, lake$Year, max)
4
5  sapply(lake[ ,5:10], mean)
6  sapply(lake[ ,5:10], max)
7
```

```
> tapply(lake$Chla, lake$Season, mean)
     Fall    Spring    Summer
8.054422  5.754861  8.137374
> tapply(lake$Chla, lake$Year, max)
2012 2013 2014 2015
55.1 43.5 27.6 43.8
> sapply(lake[ ,5:10], mean)
        pH          DO         COD          SS          TN          TP
7.50923077  9.24256410  4.10717949  4.36820513  1.29892821  0.01770513
> sapply(lake[ ,5:10], max)
   pH     DO    COD     SS     TN     TP
 9.800 16.000 10.200 29.700  3.597  0.122
>
```

그림 2.13 tapply( ) 함수와 sapply( ) 함수

환경자료를 분석하면서 가장 자주 사용할 기술통계 함수는 tapply( )와 sapply( )이다. 변수들의 수학함수를 동시에 계산해주는 함수로서 tapply( )는 수치형 변수를 범주형 변수별로 나누어서, sapply( )는 지정된 범위의 변수를 계산해준다. 예를 들어 tapply(lake$Chla, lake$Season, mean)는 lake 파일의 계절별(Season) 조류 발생량(Chla)의 평균값을 출력하는 함수이다. 또한 sapply(lake[,5:10], mean)는 lake 파일의 5~10행의 변수의 평균값을 출력하는 함수이다. 자주 사용할 함수이니 익숙해지도록 하자.

2.3 자료 가공하기

2.3.1 자료 추출하기(subset)

Excel을 사용할 때 가장 번거로웠던 작업 중 하나는 자료 추출이다. 데이터>정렬 및 필터>필터를 통해 정렬된 자료 중 일부를 복사해서 활용했던 작업은 R에서는 간단한 함수로 대체 가능하다. subset( )은 추출하고 싶은 자료의 조건을 입력해주면 입력한 자료로부터 원하는 조건의 자료를 추출해준다. 예를 들어 자료 중에 "원주" 지역의 자료만 선택적으로 추출해보자. 조건문인 lake 파일에서 지역을 나타내는 변수의 행인 lake$Location에서 "원주" 지역인 경우의 자료를 선택하면 된다. 이때 조건문은 "= ="라고 작성할 경우 동일할 경우라는 의미이며, "원주"는 문자형 변수이기 때문에 " "를 반드시 입력해주어야 한다. 즉, subset(lake, lake$Location= ="원주")라고 입력하면 lake 파일에서 원주 지역의 자료만을 선택적으로 추출 가능하며, 다음 그림과 같이 lake.wonju로 할당하면 추출된 자료를 독립적으로 사용할 수 있다.

물론 문자형 자료 외에도 수치형 자료를 이용하여 자료를 추출할 수 있다. 수치형 자료를 이용할 경우에는 조건문 대신 부등호를 활용하면 된다. subset(lake, lake$Chla>10)은 lake 파일에서 조류 발생량(Chla)이 10 초과인 자료를 추출하고자 할 때 사용한다. 조건문을 2개 이상 사용할 때는 "&"와 "|"를 이용한다. "&"은 두 조건을 동시에 만족하는 조건을 나태내고, "|"는 두 조건 중에 하나라도 만족하는 조건을 나타낸다. 참고로 "|"는 Windows 운영체제상에서 'shift+₩'를 누르면 작성할 수 있다. 각 결과의 이해를 돕기 위

해서 table( ) 함수를 이용해서 추출된 자료의 빈도수를 그림 2.14에 나타내었다.

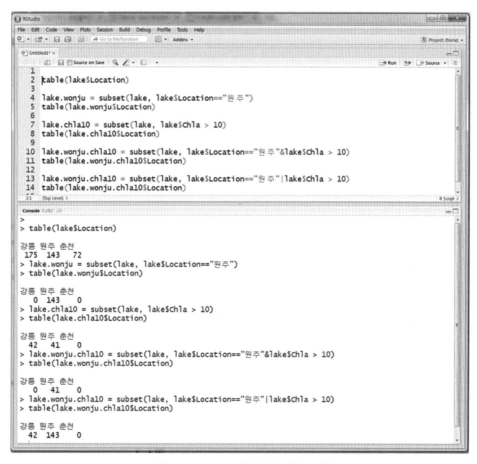

그림 2.14 subset( ) 함수 활용 예시

2.3.2 자료 형태 변형하기(melt)

* 필요 패키지 : reshape2

R에서는 기술통계나 가시화를 용이하게 하기 위해 자료 형태의 변형이 필요한 경우가 있
다. 일반적으로 자료를 정리할 때 lake.csv 파일처럼 자료는 넓은 형태(wide format)로 각
변수들의 제목이 행의 첫째 줄에 나타나게 되고, 열마다 시료의 결괏값이 나타나게 된다.
하지만 넓은 형태는 다양한 변수들을 가시화하거나 기술통계와 결합된 계산을 하기에 적합하지 않다. 그래서 변수와 결괏값들이 집합을 이루고 있는 형태인 긴 형태(long format)로 변형이 필요하다. 긴 형태로 자료를 변형시킬 때 활용하는 함수는 melt( )이다. melt() 함수가 포함되어 있는 reshaple 패키지는 설치유무와 별도로 새롭게 R을 실행할 때마다 library (패키지명)이란 함수를 사용해야 패키지에 포함되어 있는 각종 함수를 사용할 수 있다.

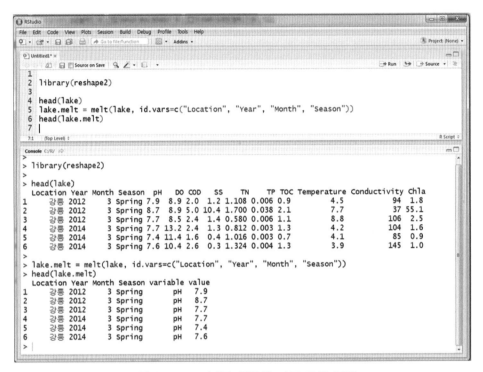

그림 2.15 melt( )를 활용한 자료 포맷 전환

melt( ) 사용 시 주의해야 할 점은 변수 집단(varable)과 결괏값 집단(value)과 별도로 관리해야 하기 때문에 문자형 혹은 범주형 변수는 id.vars＝c( ) 옵션을 이용해서 분리할 필요가 있다는 것이다. 그림 2.15의 하단과 같이 lake 파일에서 문자형 혹은 범주형 변수인 "Location", "Year", "Month", "Season"은 분리해서 수치형 자료들만 variable과 value 값에 분리되어서 지정해야 한다. 넓은 형태의 자료와 긴 형태의 자료를 반드시 확인하고 다음으로 넘어가보자.

2.3.3 자료 통계 결과 정리하기(dcast)

*** 필요 패키지 : reshape2**

reshape2 패키지는 melt( )와 더불어 dcast( )라는 훌륭한 함수를 제공한다. dcast( )는 긴 형태의 자료에만 적용 가능한 함수로써, 자료를 표로 정리할 때 요긴하게 활용할 수 있다.

lake.melt 할당된 자료를 보게 되면, 문자형 혹은 범주형 변수들과 그 외의 변수(variable)와 수치형 변수(value)로 구성됨을 확인할 수 있다. 이때 문자형 혹은 범주형 변수들에 따른 variable의 수학통계값을 보고 싶은 경우 "~"을 활용하여 "문자형 변수 혹은 범주형 변수~variable"이라고 표기하면 된다. 즉, dcast(lake.melt, Location~variable, mean)을 사용하면 지역별 모든 변수의 평균값이 동시에 출력되게 된다.

또한 문자형 변수 혹은 범주형 변수를 "+"를 이용하여 복수로 넣을 수가 있으며, 복수를 넣을 경우 변수의 조합별 결괏값을 출력해서 볼 수 있다. 각 지역에서 연도별로(2012~2015) 변수들의 평균이 출력된다. 이렇게 만들어진 표는 write.csv(dcast 결과 할당명, file="파일명.csv")으로 저장하여 Excel에서 다시 활용할 수 있다.

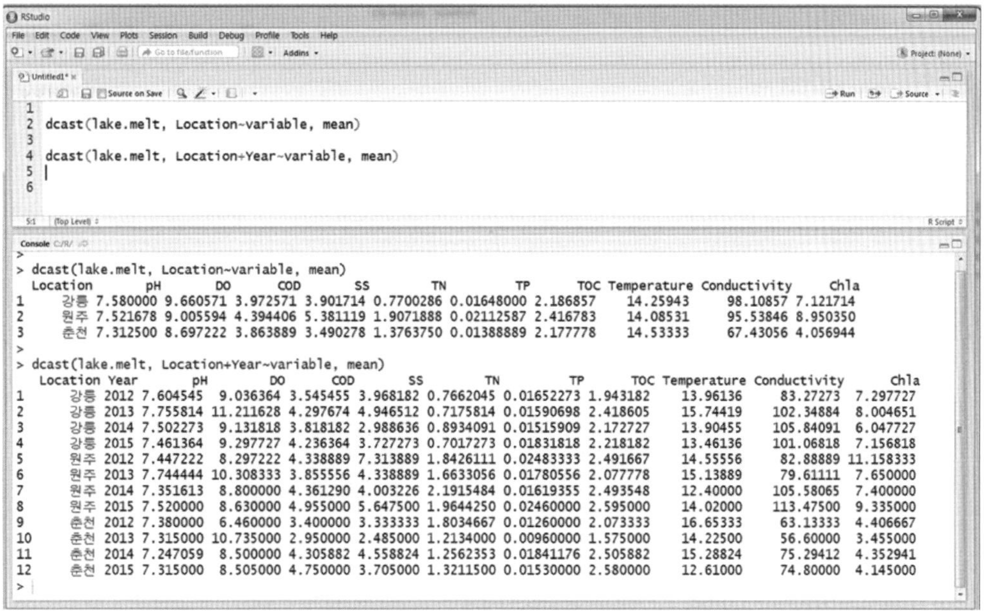

그림 2.16 dcast( ) 활용 예시

ggplot을 이용하여
그래프 그리기

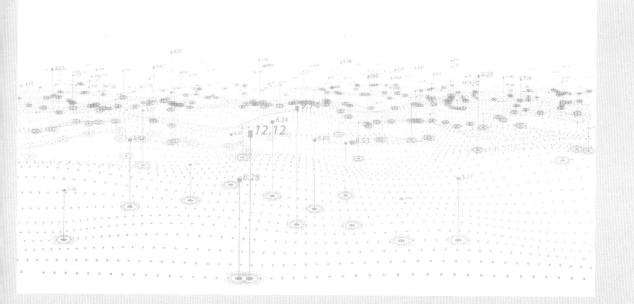

CHAPTER 03 ggplot을 이용하여 그래프 그리기

＊ 필요 패키지 : ggplot2

ggplot은 R 패키지로서 가시화(visualization) 최적화 프로그램으로 일반적인 방법보다 품격 있고 치밀한 그래프를 제공한다. 직관적인 R언어를 활용하여 그래프를 그리기 때문에 복잡한 그림도 쉽게 그리는 것이 가능하다.

3.1 그래프 기본 설정하기(data & aes)

ggplot2 패키지는 고수준 및 저수준 그래픽 함수를 구분해서 그래프를 그리게 된다. 고수준 그래픽 함수는 전체적인 그래프 종류 및 자료 표기 방법들을 선택하는 함수이며, 저수준 그래픽 함수는 x축, y축의 글자 크기, 범례의 색 및 크기 등 그래프를 보다 풍부하게 만들어주는 함수를 의미한다. 기본적인 고수준 그래픽 함수는 ggplot( ) 함수이다. ggplot( ) 함수는 그래프를 선정하기 전에 입력 자료와 축의 정보를 미리 입력할 수 있다. 입력 자료를 입력하는 옵션은 data이며, 'data ='뒤에 할당되어 있는 집단 자료를 입력하면 된다

(data=lake). aes는 aesthetics의 앞 세 글자를 따와서 사용되는 옵션으로 x축, y축 설정 뿐 아니라 color, fill, size, shape, transparency(alpha) 등 그래프의 기본 모양을 수정할 수 있다.

ggplot(data=lake, aes(x=TN, y=TP)) 함수를 입력하면 Plots 창에 회색의 빈 그래프가 생겨남을 확인할 수 있다. 어떤 그래프도 나타나지 않는 이유는 그래프의 종류를 설정하기 않았기 때문인데, 그래프 종류의 설정은 다음 단계에서 알아보자.

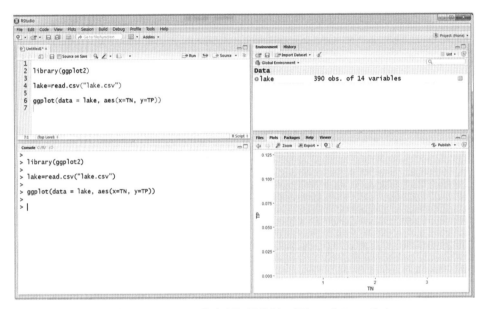

그림 3.1 ggplot2 패키지를 활용한 바탕 그래프 그리기

3.2 그래프 종류 결정하기(geom)

geom은 geometry의 앞 네 글자를 따온 함수로서 그래프 종류를 결정해준다. 점(point), 선(line), 박스(box), 입체(polygon) 등 다양한 그래프를 제공하며, 각 그래프마다 geom_point( ), geom_line( ), geom_boxplot( ), geom_polygon( ) 등으로 선택해서 활용할 수 있다. 더 다양한 그래프 정보는 ggplot2 홈페이지 ggplot2.org에서 확인 가능하며, 본 서에서는 geom_point( ), geom_boxplot( ), geom_bar( )를 이용해서 기본적인 geom 활용법을 배우고자 한다.

앞서 작성했던 함수인 ggplot(data=lake, aes(x=TN, y=TP)) 이후에 +geom_point( )를 작성하면 결괏값이 검은색 점으로 표기되는 것을 확인할 수 있다. 점의 크기(size)를 변경 가능하며, aes에서 점의 색(color)을 지역별(location)로 선택도 가능하다. 또한 다른 변수인 계절(season)별로 점의 모양도 바꾸어 2차 평면에 4가지 변수(TN, TP, Location, Season)를 동시에 나타낸 것을 확인할 수 있다.

이 밖에 논문과 보고서에 여러 그래프를 동시에 표기해야 할 경우가 가끔 있다. 이럴 경우에는 gridExtra 패키지를 이용하면 보다 쉽게 나타낼 수 있다. 각 그래프를 p1~4까지 할당한 후 gridExtra 패키지에 포함되어 있는 grid.arrange( ) 함수를 이용하면 4개의 그래프를 동시에 출력할 수 있다. grid.arrange( )에 작성하는 할당된 그래프 순서에 따라 그래프의 위치는 변동이 되며, ncol 혹은 nrow의 숫자를 통해 행·열의 그래프 숫자가 결정된다.

```
> library(ggplot2)
> library(gridExtra)
>
> p1 = ggplot(data = lake, aes(x=TN, y=TP)) + geom_point()
>
> p2 = ggplot(data = lake, aes(x=TN, y=TP)) + geom_point(size=2)
>
> p3 = ggplot(data = lake, aes(x=TN, y=TP, color=Location)) + geom_point(size=2)
>
> p4 = ggplot(data = lake, aes(x=TN, y=TP, color=Location, shape=Season)) + geom_point(size=2)
>
> grid.arrange(p1,p2,p3,p4, ncol=2)
```

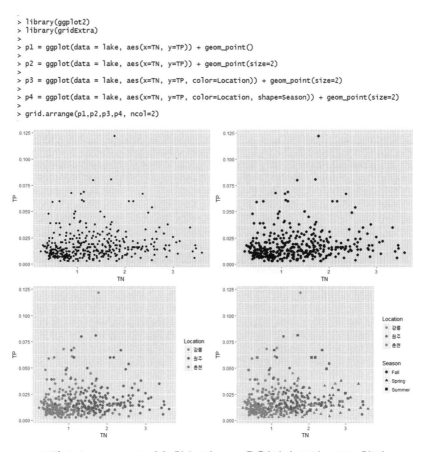

그림 3.2 geom_point( ) 함수 및 aes 응용(컬러 도판 p.137 참조)

2차 평면의 그래프는 이론적으로 최대 5개의 변수를 포함시킬 수 있다(그래프 중복 없을 경우). 앞서서 활용했던 x축, y축, 점의 색, 점의 모양 외에도 점의 크기를 추가로 넣을 수 있다. geom_point(size=2) 대신 aes에 수치형 변수인 COD를 다음과 같이 넣게 되면 ggplot(data=lake, aes(x=TN, y=TP, color=Location, shape=Season, size=COD)) + geom_point( ) 그래프가 나타나게 된다.

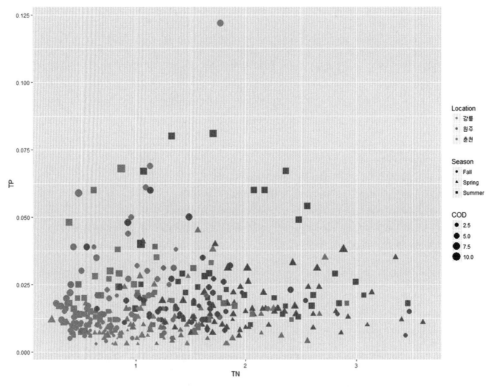

그림 3.3 geom_point( ) 함수 응용(컬러 도판 p.138 참조)

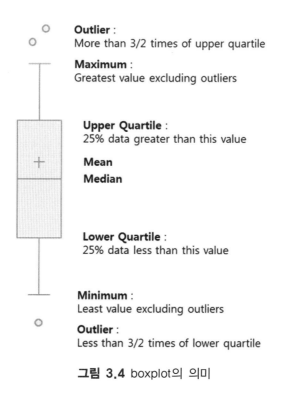

Outlier :
More than 3/2 times of upper quartile

Maximum :
Greatest value excluding outliers

Upper Quartile :
25% data greater than this value

Mean

Median

Lower Quartile :
25% data less than this value

Minimum :
Least value excluding outliers

Outlier :
Less than 3/2 times of lower quartile

그림 3.4 boxplot의 의미

    자료의 분포와 평균 혹은 중간값의 결과를 동시에 그래프로 나타내는 기법을 boxplot이라고 한다. 박스의 양 끝선은 전체 자료 분포에서 25%와 75% 구간의 분포를 나타내며, 오차선(erro-bar)은 outlier(upper quartile 혹은 lower quartile로부터 1.5배 이상 벗어난 자료)를 제외하고 가장 높거나 낮은 자료를 나타낸다. 이러한 boxplot은 자료의 분포 비교에 적절한 그래프이며 시료 간 변동이 심한 환경자료에 자주 사용된다.

    ggplot(data=lake, aes(x=Loation, y=Chla) 이후에 +geom_boxplot( )를 작성하면 지역별로 발생한 조류량에 대한 boxplot 그래프가 나타남을 확인할 수 있다. geom_boxplot( )의 x축은 반드시 범주형 변수를 지정하여 y축은 비교하고 싶은 수치형 변수를 입력하면 된다. geom_point( )에서는 점의 색을 color로 조절했던 것과 달리, geom_boxplot( )은 면의 색을 조절해야 하기 때문에 fill로 색을 조절해야 한다. fill에 입력되는 범주형 변수가 x축에 입력되는 변수와 다를 경우 자료가 또한 범주형 변수로 구분되어 나타나기도 한다. 예를 들어 fill=Location일 경우 x축의 변수와 동일하기 때문에 지역별로 색이 구분되지 않지만 fill=Season일 경우 x축과 상이하기 때문에 x축이 계절별로 분할되어 색이 구분되는 것을 확인할 수 있다.

```
>
> p1 = ggplot(data = lake, aes(x=Location, y=Chla)) + geom_boxplot()
>
> p2 = ggplot(data = lake, aes(x=Location, y=Chla, fill=Location)) + geom_boxplot()
>
> p3 = ggplot(data = lake, aes(x=Location, y=Chla, fill=Season)) + geom_boxplot()
>
> p4 = ggplot(data = lake, aes(x=Location, y=Chla, color=Season)) + geom_boxplot(fill="white") +
+   geom_point(position=position_jitterdodge(dodge.width=0.8), alpha=0.5)
>
> grid.arrange(p1,p2,p3,p4, ncol=2)
```

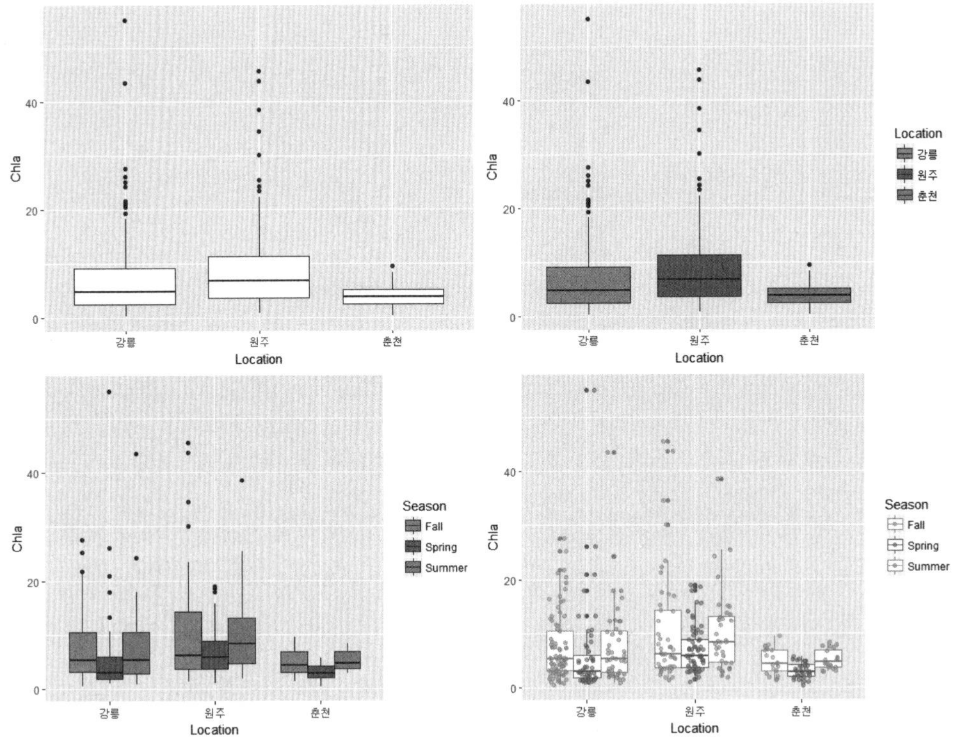

그림 3.5 geom_boxplot( ) 함수(컬러 도판 p.139 참조)

마지막으로 자료의 분포를 직접 입력하기 위해서는 geom_point( )를 동시에 활용하고 옵션으로 position＝position_jitterdodge(dodge.width＝0.8)를 이용하면 된다. jitter는 분포를 의미하며, dodge는 앞서서 그려진 그래프의 위치에 맞게 그린다는 의미이다. dodge.width＝0.8이란 의미는 기존의 boxplot의 넓이의 80% 정도의 넓이만을 사용해서 데이터의 분포를 나타낼 수 있다는 것이다. 참고로 aes(color＝Season), geom_boxplot(fill＝

"white")를 사용한 이유는 데이터의 분포가 box의 색과 겹쳐 보이지 않을 수 있기 때문에 box의 테두리의 색을 color로 바꾸고, 바탕을 fill로 하얗게 만들었다.

　마지막으로 막대그래프는 오차막대(error bar)와 함께 그려지는 경우가 대부분이다. 오차막대가 있는 막대그래프를 그리려면 평균과 표준편차가가 포함되어 있는 두 종류의 입력자료가 필요로 하다. melt( )와 dcast( )를 이용해서 지역·연도별 변수의 평균과 표준편차를 각각 계산해서 할당한 다음(lake.d.mean, lake.d.sd), ggplot( )을 활용하여 COD를 y축으로 하는 그래프를 그려보자.

```
> lake.melt=melt(lake, id.vars=c("Location", "Month", "Year", "Season"))
> lake.d.mean=dcast(lake.melt, Location+Year~variable, mean)
> lake.d.sd=dcast(lake.melt, Location+Year~variable, sd)
>
> ggplot(data=lake.d.mean, aes(x=Location, y=COD, fill=factor(Year))) +
+   geom_bar(stat="identity", position="dodge")+
+   geom_errorbar(data=lake.d.sd,
+                 aes(x=Location, ymin=lake.d.mean$COD-lake.d.sd$COD,
+                     ymax=lake.d.mean$COD+lake.d.sd$COD),
+                 position=position_dodge(0.9), width=0.2)
> |
```

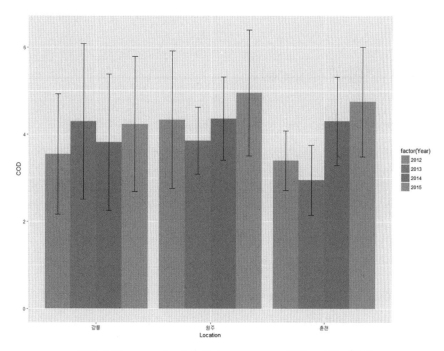

그림 3.6 geom_bar( ) 함수 활용(컬러 도판 p.140 참조)

평균값을 이용해서 기본 막대그래프를 먼저 그리면, x축은 지역, y축은 COD, 막대 색은 연도로 지정한다. 연도를 지정할 때 factor(Year)로 작성한 이유는 Year의 변수는 문자형과 수치형으로 모두 인식 가능하기 때문에 문자형 변수로만 인식해서 색을 구분할 수 있도록 factor( ) 함수를 사용하였다. geom_bar(stat="identity", position="dodge")까지 작성하면 기본 막대그래프가 나타나게 된다. R에서 막대그래프는 기본적으로 자료의 빈도수를 활용하여 그리기 때문에 입력한 자료를 그대로 활용하기 위해서는 stat="identity"로 작성해야 한다. position="dodge"는 x축에 설정된 자료(지역, 연도)의 위치에 따라 나란히 입력하겠다는 의미이다.

막대그래프를 작성한 후, geom_errorbar( ) 함수를 이용하여 오차막대를 나타내면 된다. 오차막대는 dcast( )를 통해 확보한 표준편차 자료를 다시 입력해야 하며, x축은 동일하게 y축은 평균과 표준편차의 차이를 ymin, ymax 값으로 입력하여 그래프를 출력하게 된다. 오차막대도 boxplot과 마찬가지로 자료의 분포를 나타내기 때문에 환경자료를 이용한 그래프에서 자주 사용되므로 잘 숙지해야 한다.

3.3 그래프 분할하기(facet)

앞서서 사용했던 grid.arrange( )는 다수의 그래프를 동시에 출력함으로써 다양한 그래프를 단일 평면에 나타낼 수 있으나 문자형 혹은 범주형 변수별로 그래프를 자동 분할해주는 기능은 없다. facet_grid( )와 facet_wrap( )을 이용할 경우 하나의 그래프를 변수에 따라 분할할 수 있다.

그래프를 분할하기 전에 ggplot을 이용하여 기본 그래프를 먼저 결정해야 한다. 그림 3.7과 같이 x축을 TOC, y축을 TN으로 하며 지역별(Location)로 점의 색을 표기하는 그래프를 그린 후, facet_grid(.~Location)을 추가하면 행을 기준으로 지역별로 점그래프가 분할되는 것을 확인할 수 있다. (Location~.)으로 함수를 수정할 경우 열을 기준으로 점그래프가 분할되게 된다. (Location~Season)과 같이 변수를 물결(~)을 기준으로 양쪽으로 작성할 경우, 각 변수가 행·열 위치로 구분되어 그래프가 분할되어서 나타난다.

```
Console C:/R/ i3                                                              _□

>
> ggplot(data=lake, aes(x=TOC, y=TN, color=Location)) + geom_point(size=2) + facet_grid(.~Location)
>
> ggplot(data=lake, aes(x=TOC, y=TN, color=Location)) + geom_point(size=2) + facet_grid(Location~.)
>
> ggplot(data=lake, aes(x=TOC, y=TN, color=Location)) + geom_point(size=2) + facet_grid(Location~Season)
>
>
```

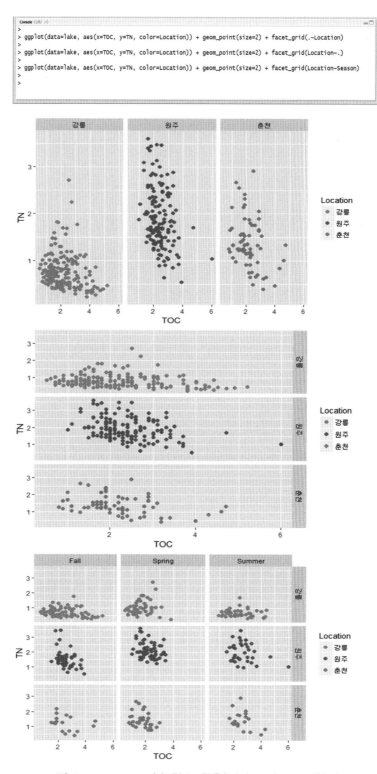

그림 3.7 facet_grid( ) 함수 활용(컬러 도판 p.141 참조)

facet_wrap( )도 facet_grid( )와 기능은 비슷하나 행을 기준으로 그래프를 분할할 때 사용되며, (.~변수) 중 "."은 없이 facet_wrap(~Location)으로 작성하여 사용된다. 두 개의 변수를 동일하게 사용할 경우 facet_wrap(~Location＋Season) 형태로 ＋를 이용하여 추가하게 되는데, facet_grid( )와 달리 행에 복수적으로 구분되어 출력된다. 사용자의 편의에 따라 facet_grid( )와 facet_wrap( )을 사용하면 된다.

3.4 그래프 축 표기 정렬하기

R에서 그래프를 그리다 보면 그래프의 표기 순서가 알파벳 순서(Fall＞Spring＞Summer)로 정렬되는 것을 알 수 있다. 사용자의 임의대로 정렬 순서를 결정할 수 있다. 결정하기 위하여 factor( ) 함수를 응용하면 된다.

다음의 그림 3.8과 같이 ggplot( ) 함수를 사용하기 전에 factor(levels＝c( ))를 사용하면 임의대로 정렬 순서를 결정하여, (Fall＞Spring＞Summer)의 순서가 (Spring＞Summer＞Fall)로 바뀌었음을 확인할 수 있다.

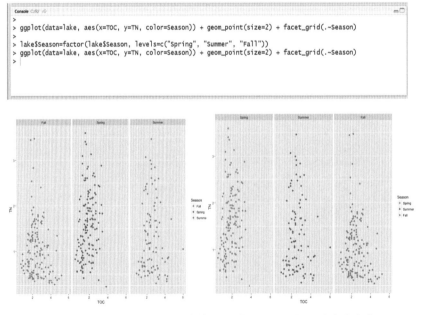

그림 3.8 factor(levels＝c( ))를 이용하여 그래프 재정렬하기

3.5 그래프의 색의 범위 결정하기(scale)

＊필요 패키지 : RColorBrewer

   scale 함수는 color와 fill과 관련된 색의 범위를 결정할 때 사용한다. 지금까지 color와 fill의 옵션을 사용할 때 변수를 직접 입력했었다(color＝Loation, fill＝Season). 변수가 아닌 색을 직접 입력할 수도 있는데, 이때 항상 " "를 활용하게 된다. 예를 들어 color＝ "red", fill＝"blue"라고 가능한 것이다. 이렇게 색을 결정할 때 scale을 사용할 수 있다.

```
> library(RColorBrewer)
>
> display.brewer.all()
```

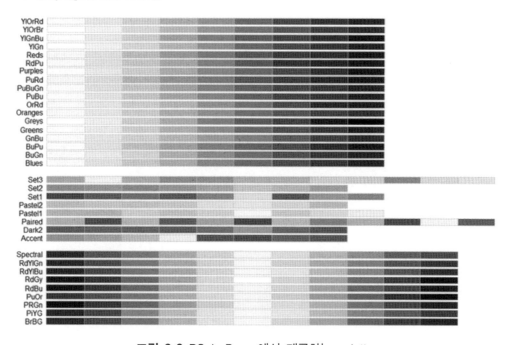

그림 3.9 RColorBrwer에서 제공하는 palette

   사용자가 임의로 바꾸고 싶을 때는 scale_color_manual(values＝c("color1", "color2")) 형식으로 추가함으로써 색을 바꿀 수도 있으나 색 결정이 어려울 경우에는 R에서 제공하는 pallete를 이용하여 색의 구배(gradient)를 결정 가능하다.

RColorBrewer 패키지에서 제공하는 color brewer palette를 확인해보면 Set3, Set2, BrBG 등 다양한 palette를 사용자에게 제공한다. 그림 3.10을 보고 scale의 활용법을 추가로 익혀보자.

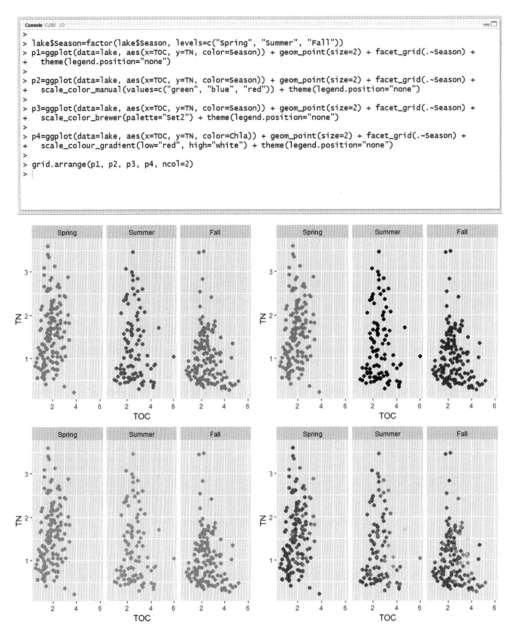

```
Console C:/R/ ≈
>
> lake$Season=factor(lake$Season, levels=c("Spring", "Summer", "Fall"))
> p1=ggplot(data=lake, aes(x=TOC, y=TN, color=Season)) + geom_point(size=2) + facet_grid(.~Season) +
+   theme(legend.position="none")
>
> p2=ggplot(data=lake, aes(x=TOC, y=TN, color=Season)) + geom_point(size=2) + facet_grid(.~Season) +
+   scale_color_manual(values=c("green", "blue", "red")) + theme(legend.position="none")
>
> p3=ggplot(data=lake, aes(x=TOC, y=TN, color=Season)) + geom_point(size=2) + facet_grid(.~Season) +
+   scale_color_brewer(palette="Set2") + theme(legend.position="none")
>
> p4=ggplot(data=lake, aes(x=TOC, y=TN, color=Chla)) + geom_point(size=2) + facet_grid(.~Season) +
+   scale_colour_gradient(low="red", high="white") + theme(legend.position="none")
>
> grid.arrange(p1, p2, p3, p4, ncol=2)
> |
```

그림 3.10 scale 함수 활용(컬러 도판 p.142 참조)

P2에서 scale_color_manual(values=c("green", "blue", "red"))는 Spring, Summer, Fall의 색을 각각 녹색, 파란색, 붉은색으로 바꾸었음을 확인할 수 있고, scale_color_brewer(palette="Set2")는 Spring, Summer, Fall의 색을 각각 RColorBrewer에서 제공하는 Set2의 첫 3개의 색으로 대체하였다. 마지막으로 scale_color_gradient( ) 함수는 색에 농도 구배를 주어 수치형 변수의 차이를 색으로 표현하는 것으로써 다른 그래프들과 달리 color가 문자형 변수인 Season이 아닌 수치형 변수인 Chla로 바꾸어서 조류 발생량의 농도 구배를 출력하였다.

3.6 그래프 보완하기(theme)

주요 그래프를 그리고 나서 명시성을 높이고 전달하는 의미를 보다 강조하기 위해서는 여러 가지 보완작업이 필요하다. ggplot에서는 theme( ) 함수를 이용하면 논문이나 보고서에 바로 사용할 수 있는 수준으로 그래프를 보완할 수 있다. 관련 함수가 매우 많기 때문에 주요한 함수 목록과 용도만 예시를 통해 간단히 언급하고 넘어가도록 하겠다.

표 3.1 theme 함수군

함수	용도
theme( )	축, 범례 등의 크기, 기울기 등 요소별 설정
theme_bw( )	흰색 배경의 검정색 격자선의 배경을 가진 그래프 선정
theme 함수 옵션	
axis.title	축의 라벨 element_text( )로 적용 .x 혹은 .y로 개별적 수정 가능
axis.text	틱(ticks)의 라벨 element_text( )로 적용 .x 혹은 .y로 개별적 수정 가능
legend.text	범례의 라벨, element_text( )로 적용
legend.position	범례의 위치, top, bottom 등으로 표기 가능, (x, y)로 직접 표기
panel.grid.major	주격자선, element_blank( )로 삭제 가능
panel.grid.minor	보조격자선, element_blank( )로 삭제 가능
strip.backgroud	facet의 제목 창 수정, element_rec로 적용
strip.text	facet의 제목 글자 수정, element_text( )로 적용

```
Console C:/R/ ♦

>
> p1=ggplot(data=lake, aes(x=TOC, y=TN, color=Season)) + geom_point(size=2) +
+   theme_bw() + theme(legend.position="none")
>
> p2=ggplot(data=lake, aes(x=TOC, y=TN, color=Season)) + geom_point(size=2) +
+   theme_bw() + theme(legend.position="none")+
+   theme(panel.grid.major=element_blank(), panel.grid.minor= element_blank())
>
> p3=ggplot(data=lake, aes(x=TOC, y=TN, color=Season)) + geom_point(size=2) +
+   theme_bw() + theme(legend.text=element_text(color="red"))+
+   theme(panel.grid.major = element_blank(), panel.grid.minor = element_blank())+
+   theme(axis.text.x=element_text(size=14), axis.title.y=element_text(size=16, face="bold"))
>
> p4=ggplot(data=lake, aes(x=TOC, y=TN, color=Season)) + geom_point(size=2) + facet_grid(.~Season) +
+   theme(strip.background=element_rect(fill="orange"), strip.text=element_text(size=16))
>
> grid.arrange(p1, p2, p3, p4, ncol=2)
> |
```

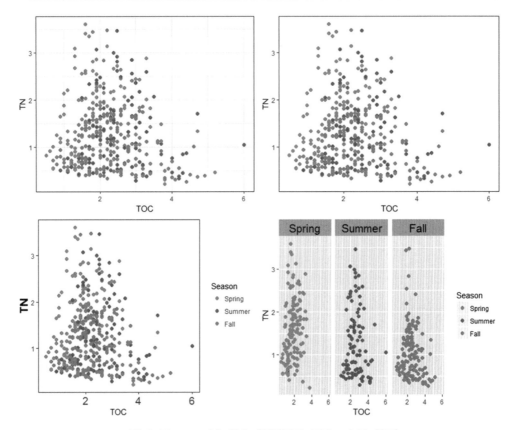

그림 3.11 theme( ) 함수 활용(컬러 도판 p.143 참조)

어느 지역의 조류 발생량이
많은가?(t-검정 및 ANOVA)

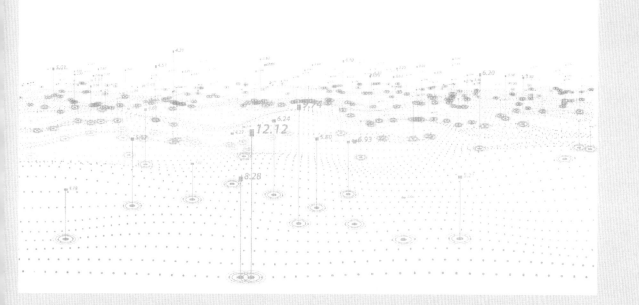

CHAPTER 04 어느 지역의 조류 발생량이 많은가?(t-검정 및 ANOVA)

4.1 목적 설정하기

매년 수온이 상승하는 여름이 다가오면 전국의 하천과 호수는 녹조 발생으로 곤욕을 치르곤 한다. 환경에서의 녹조 발생량은 수질 지표 중 하나인 엽록체 농도(Chla)를 기본적으로 활용하여 측정하고 있다. 조류 발생량의 지역별, 시기별 차이를 보기 위해서는 다음과 같은 궁금함이 발생할 수 있다.

1. 강원도 3개 도시의 조류 발생량은 강원도의 평균 조류 발생량($7.1\,mg/m^3$)과 비교하여 높을까? 아니면 낮을까?
2. 강원도 3개 도시의 녹조 발생량은 차이가 있을까?

1의 경우에는 비교 대상이 이미 존재하여 분석가가 보유하고 있는 환경자료를 비교하는 목적을 가지고 있고, 2의 경우에는 보유하고 있는 환경자료 안에서 범주형 자료(도시 : 지역)별로 비교하는 목적을 가진다. 그럼 어떻게 비교하면 될까?

4.2 분석 방법 이론

4.2.1 t-test

두 모집단의 평균 차이를 판단하는 통계적 검정방법으로 t-test(t검정)를 사용한다. 앞에서와 같이 모집단(lake.csv)으로부터 표본을 추출하고(지역별 : 강릉, 원주, 춘천) 표본들의 평균을 비교하는 통계 분석에도 활용한다. t-test는 귀무가설 '두 집단의 평균의 차이는 없다'와 대립가설 '두 집단의 평균의 차이가 있다' 중에 하나를 선택할 수 있도록 귀무가설하에 있을 확률 혹은 차이가 발생할 확률(유의확률 : p-value)을 계산한다. 유의확률이 0.05 이하일 때 귀무가설을 기각하고 대립가설을 채택한다. 즉, t-test 결과 p-value 값이 0.05 이하일 때 두 집단의 평균 차이는 통계적으로 유의하게 있다는 결론을 내릴 수 있다.

t-test를 사용할 때 주의해야 할 점은 평균은 자료가 정규성(평균값을 중앙으로 하여 좌우대칭인 종 모양을 이루는 정규분포)을 이룰 때 대푯값으로 의미를 가지기 때문에 정규성에 대한 사전검정이 반드시 필요하다. 정규성에 대한 사전검정은 shapiro.test( )를 이용한다. 그럼 정규성을 이루지 않는 자료는 t-test를 하지 못할까? 결론부터 이야기하면 아니다. 정규성을 이루는 자료를 검정하는 것을 모수 검정, 정규성을 이루지 않는 자료를 검정하는 것을 비모수 검정이라고 하여 각각의 통계적 검정 방법이 존재한다. 자료 특성에 따른 통계적 검정 방법을 익히기 위해서는 사전에 그림 4.1과 같은 작업흐름을 숙지해두는 것이 좋다.

t-test를 수행하기 위해서는 반드시 정규성 검정을 먼저 수행하고, 비교 모집단의 개수의 따라 one-sample t-test와 two-sample t-test로 나누어서 수행한다. one-sample t-test일 경우에는 모집단이 1개만 존재해서 기존에 알고 있는 평균값과 비교하기 위하여 직접 t-test를 수행하는 검정법이며, two-sample t-test는 2개의 모집단의 평균의 차이를 비교하는 검정법이다. 모집단이 2개일 경우 대응표본(paried data)에 따라 검정 방법이 달라지는데, 환경자료 경우 모집단들이 대응표본으로 존재하는 경우가 매우 드물기 때문에 대응표본이 아닌 경우에 집중해서 분석할 필요가 있다. 마지막으로 두 모집단 간의 분산성의 동일 여부에 따라 분석 방법이 달라진다. 등분산성 여부에 따라 var.equal=T or F를 결정하여 분석을 수행하면 된다. 비모수 방법도 모수 방법과 유사한 방향으로 진행하면 된다.

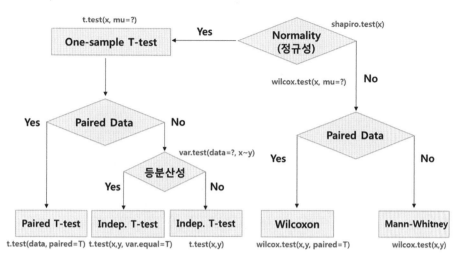

그림 4.1 통계적 검정을 위한 작업 흐름

4.2.2 ANOVA(Analysis of variance)

ANOVA는 3개 이상의 모집단 간 평균의 차이를 검정할 때 사용하는 분산 기반 분석방법으로서 t-test와 달리 평균을 직접 비교하지 않고, 집단 내의 분산과 평균의 차이에 생긴 집단 간 분산의 비교를 통해 비교한다. 즉 집단 평균들 간의 분산이 클수록 그리고 집단 내 분산이 작아질수록 평균의 차이가 분명해지고, 두 분산값을 이용해 평균을 비교하기 때문에 분산분석이라고 부르게 된 것이다. 그리고 그 차이가 통계적으로 유의한지를 분석함으로써 '3개 이상의 모집단 간의 평균은 모두 같다'는 귀무가설을 검정하게 된다. ANOVA 결과에서 p-value 값이 0.05 이하일 때 세 집단 이상의 평균은 통계적으로 유의하게 차이가 있다는 결론을 내릴 수 있다. 단, 3개 이상의 모집단 중 어떤 집단의 조합이 차이가 있는지는 알려주지 않으며, 다중비교 사후분석(TukeyHSD 등)을 통해 해당 정보를 알 수 있다.

ANOVA의 경우 변수의 비교하고자 하는 변수의 개수에 따라 one-way ANOVA(일원분산분석)과 two-way ANOVA(이원분산분석)으로 구분되어 분석이 진행된다. 각각의 독립변수(집단을 구분하는 변수 : lake 자료에서의 지역, 계절 등)가 종속변수(환경자료에서 실험 측정값 : pH, COD 등) 미치는 영향을 주 효과라고 하고, 2개의 독립변수가 동시에 작용하여 미치는 영향을 상호작용 효과라고 한다.

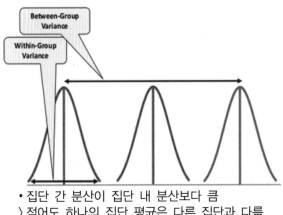

• 집단 간 분산이 집단 내 분산보다 큼
〉적어도 하나의 집단 평균은 다른 집단과 다름

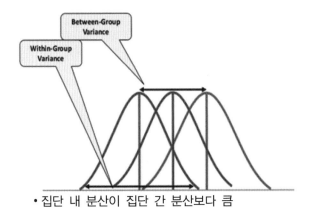

• 집단 내 분산이 집단 간 분산보다 큼
〉세 집단의 평균은 통계적으로 유의하게 다르지 않음

그림 4.2 ANOVA 분석의 검정 원리

주 효과만을 검정하는 분석방법을 one-way ANOVA라 하고, 주 효과와 상호작용 효과 모두를 검정하는 분석방법을 two-way ANOVA라고 한다. 두 방법 모두 전체적인 분석 방법은 유사하나, two-way ANOVA 분석의 경우 2개의 독립변수와 변수 간의 상호작용 효과 모두 유의성 검정을 해야 하는 차이가 있다.

ANOVA 분석은 종속변수의 독립성, 집단의 정규성, 집단 간 분산의 동질성을 가정하여 수행되는 분석이다. 독립성은 dwtest(x~y), 집단의 정규성은 shapiro.test(resid(x)), 등 분산성은 bartlett.test(x~y, data=?)의 함수를 이용하여 검정한다. 분산분석을 위한 가정을 만족하지 않을 경우에는 aov( ) 함수가 아닌 비모수 분산분석방법인 kruskal.test( )

를 사용하여 분산분석을 수행하면 된다. 비모수 분산방법도 mctp( )와 같은 함수를 이용하여 다중비교 사후분석을 수행할 수 있다.

4.3 자료 수집 및 가공

지역별로 비교하기 위해서는 지역별로 자료를 추출하는 것이 필요하다. 앞서서 배운 것처럼 subset( )을 이용하여 각 지역별 자료를 추출해보자.

lake.csv 파일을 lake에 할당하여 table( )을 통해 지역별 자료의 빈도수를 확인할 수 있다. 자료를 추출했을 경우 정확히 추출했는지를 판단하기 위해 필요하다. subset( ) 내부에 각 지역의 정보가 담긴 변수인 Location을 대상으로 각 지역명을 " "안에 표기하여 수행한 결과를 각각 다른 이름(lake.g, lake.w, lake.c)으로 할당한다. 추출된 자료를 확인하기 위해서 table( ) 방법을 이용하여 지역의 빈도수를 확인하고, head( )를 이용해서 추출된 자료의 구조를 눈으로 다시 확인한다.

```
Console C:/R/
>
> lake=read.csv("lake.csv")
> table(lake$Location)

강릉 원주 춘천
 175  143  72
> lake.g=subset(lake, lake$Location=="강릉")
> lake.w=subset(lake, lake$Location=="원주")
> lake.c=subset(lake, lake$Location=="춘천")
> table(lake.g$Location)

강릉 원주 춘천
 175   0    0
> head(lake.w)
   Location Year Month Season  pH   DO COD  SS    TN    TP TOC Temperature Conductivity Chla
24     원주 2012     3 Spring 8.9  8.7 3.8 5.6 1.894 0.018 1.9         7.4           81  4.8
25     원주 2012     3 Spring 6.8  7.4 2.8 1.6 3.403 0.012 1.6         7.8           75  5.6
26     원주 2014     3 Spring 7.5 11.8 4.0 3.7 1.527 0.013 2.4         5.1           88  8.2
27     원주 2014     3 Spring 7.5 12.5 3.6 4.3 2.152 0.016 2.1         5.7          153  5.8
28     원주 2014     3 Spring 7.5 12.5 4.0 2.0 1.483 0.011 2.6         5.2           76  5.6
29     원주 2014     3 Spring 7.5 11.6 4.2 2.7 1.786 0.010 2.4         5.3           84  6.9
>
```

그림 4.3 지역별 자료 추출 과정

4.4 자료 분석

4.4.1 정규성 분석(shapiro.test)

　지역별 조류 발생량의 평균을 비교하기 위한 t-test를 수행하기 위해서는 각 집단의 정규성 여부를 분석해야 한다. 앞서서 언급했던 것처럼 shapiro.test( )를 이용하고 괄호 안에는 검정하고자 하는 종속변수의 행을 넣어주면 된다. 즉 강원도의 조류 발생량 정규성을 평가하고자 할 경우 shapiro.test(lake.g$Chla)라고 작성하고 분석을 수행하면 된다. 수행 결과 p-value가 0.05보다 클 경우 정규성을 이루지만, 작을 경우 정규성을 이루지 않는다고 판단하면 된다.

그림 4.4 정규성 검정

4.4.2 one-sample t-test(t.test, wilcox.test)

　목적 설정하기에서의 첫 질문인 '1. 강원도 3개 도시의 조류 발생량은 강원도의 평균 조류 발생량(7.1 mg/m³)과 비교하여 높을까? 아니면 낮을까?'에 대한 분석을 시작해보자. 이미 알고 있는 강원도의 조류 발생량 7.1 mg/m³을 세 지역 각각의 조류 발생량의 평균을 비교해보면 된다. 이미 비교할 값을 가지고 있기 때문에 간단하게 one-sample t-test를 이용해서 분석을 진행하면 된다. 물론 앞서서 진행된 정규성 검정을 만족하지 못했기 때문에 비모수 검정 방법인 wilcox.test( )를 수행해야겠지만, t.test( )를 먼저 연습해보고 비모수 검정방법도 같이 수행해보자.

one-sample t-test는 t.test(집단$변수, mu=비교할 평균값)의 형태로 수행하며, p-value 값을 이용하여 검정하면 된다. t-test는 p-value 외에도 다른 결과들을 제공한다. t값은 비교할 집단의 측정값의 차이를 표준오차로 나누어 계산한 값으로써 이 값이 크면(절댓값 기준) 귀무가설(두 집단의 평균이 동일하다)을 기각하기 위한 증거가 커지게 된다. 반대로 이야기하면 0에 가까울수록 유의한 차이는 더욱 없어지게 된다. df는 p-value를 계산하기 위한 자유도로서 자료 개수에서 1을 뺀 값(n-1 : 강원도 자료 기준 175-1=174)으로 사용된다. 그리고 95% 신뢰기준(95 percent confidence interval)에서의 범위와 입력한 변수의 평균값(mean of x)에 대한 정보도 제공한다.

```
>
> t.test(lake.g$Chla, mu=7.1)

        One Sample t-test

data:  lake.g$Chla
t = 0.038801, df = 174, p-value = 0.9691
alternative hypothesis: true mean is not equal to 7.1
95 percent confidence interval:
 6.017180 8.226248
sample estimates:
mean of x
 7.121714

> t.test(lake.w$Chla, mu=7.1, alternative="greater")

        One Sample t-test

data:  lake.w$Chla
t = 2.8318, df = 142, p-value = 0.002651
alternative hypothesis: true mean is greater than 7.1
95 percent confidence interval:
 7.868497      Inf
sample estimates:
mean of x
 8.95035

> t.test(lake.c$Chla, mu=7.1, alternative="less", conf.level=0.99)

        One Sample t-test

data:  lake.c$Chla
t = -12.494, df = 71, p-value < 2.2e-16
alternative hypothesis: true mean is less than 7.1
99 percent confidence interval:
     -Inf 4.636647
sample estimates:
mean of x
 4.056944

> |
```

그림 4.5 one-sample t-test 결과

one-sample t-test 결과를 해석하면 다음과 같다. 강릉(lake.g)의 평균 조류 발생량은 강원도의 평균 $7.1\,mg/m^3$와 비교하여 차이가 없으며(P=0.9691, P>0.05), 원주(lake.w)와 춘천(lake.c)의 평균 조류 발생량은 통계적으로 유의하게 차이가 있다(P원주=0.0026, P춘천<0.05). 단측검정(alternative="greater" or "less")을 하거나 유의수준을 99%(conf.level=0.99)로 분석하고 싶으면 위와 같이 옵션을 추가하면 된다.

그럼 이제 세 지역의 조류 발생량 모두 정규성을 만족하지 않으므로 wilcox.test( )를 이용해서 분석해보자. t-test 결과와 달리 강릉과 춘천에서 강원도 평균 조류 발생량보다 유의한 차이를 보이는 것을 확인할 수 있다. 이는 정규성 검정에 따라 결정되는 평균 비교 검정 방법이 매우 중요함을 알 수 있다.

```
Console C/R/
>
> wilcox.test(lake.g$Chla, mu=7.1)

        Wilcoxon signed rank test with continuity correction

data:  lake.g$Chla
V = 5981, p-value = 0.01424
alternative hypothesis: true location is not equal to 7.1

> wilcox.test(lake.w$Chla, mu=7.1, alternative="greater")

        Wilcoxon signed rank test with continuity correction

data:  lake.w$Chla
V = 5360.5, p-value = 0.1883
alternative hypothesis: true location is greater than 7.1

> wilcox.test(lake.c$Chla, mu=7.1, alternative="less", conf.level=0.99)

        Wilcoxon signed rank test with continuity correction

data:  lake.c$Chla
V = 76, p-value = 2.891e-12
alternative hypothesis: true location is less than 7.1

> |
```

그림 4.6 one-sample wilcox-test 결과

4.4.3 two-sample t-test(var.test)

목적 설정하기에서의 두 번째 질문인 '2. 강원도 3개 도시의 녹조 발생량은 차이가 있을까?'에 대한 분석을 시작해보자. 3개의 지역을 동시에 비교하기 위해서는 ANOVA를 해야

겠지만, 3개의 도시 중 2개 도시의(강릉 vs 원주) 평균 녹조 발생량의 차이를 비교해보자. 강릉과 원주 자료 모두 정규성을 이루지 않기 때문에 wilcox.test( )를 수행해야 하지만, t.test( ) 연습도 같이 공부해보자.

두 집단의 평균의 차이를 비교하기 위해서는 두 집단의 등분산을 var.test( )를 수행하여 p-value 값을 이용해서 검정해야 한다. p-value 값이 0.05보다 크기 때문에 귀무가설(분산의 비가 1에 가깝다=두 집단의 분산이 같다)을 만족하기 때문에 두 집단은 등분산을 이룬다고 볼 수 있다. F 값 작은 분산에 대한 큰 분산의 비를 나타내며, 1에 가까울수록 등분산을 이룰 확률이 높다고 할 수 있다. 그밖에 num df와 denom df는 각 집단의 표본 수에서 1을 뺀 값이다. 두 집단이 등분산을 이루기 때문에 t.test( )에서 "var.equal=T" 옵션을 추가해서 수행하면 된다. 비모수 분석에서는 분산검정을 하지 않기 때문에 분산에 대한 옵션을 추가하지 않고 wilcox.test( ) 함수를 수행하면 된다.

그림 4.7 two-sample t-test와 wilcox.test( ) 함수 결과

4.4.4 세 군 이상에서의 평균 비교(aov, kruskal.test, dwtest, bartlett.test)

3개 도시의 평균 조류 발생량을 비교하기 위한 ANOVA를 수행하기 위한 함수는 aov( )이다. 3개의 도시에 대한 정보는 최초의 lake 자료에 모두 담겨져 있기 때문에 subset( )으로 추출한 자료는 사용하지 않아도 된다. 대신 aov( ) 안에 비교하고자 하는 변수를 x~y의 형식으로 표시해야 한다. 예를 들면 aov(data=lake, Chla~Location)와 같다. aov( )는 분산분석표를 출력하지 않기 때문에 summary( ) 함수를 이용해야 한다. 분산분석표는 p-value 외에도 Df(자유도; n-1), Sum sq(제곱합), Mean Sq(평균제곱[2]), F value(분산 비율)에 대한 정보와 더불어 잔차(이론적으로 설정해 놓은 모형에 대해 실제 표본으로부터 얻은 값을 대응하여 관찰된 오차)에 대한 자료도 포함하고 있다.

aov( ) 결과를 해석하자면 Pr(>F)이 0.05보다 작기 때문에 세 개 지역의 평균 조류 발생량은 유의한 차이가 있다. 각 지역별의 평균 조류 발생량의 차이는 다음 장 다중비교에서 다루도록 하고 aov( )의 결과를 확신하기 위한 통계 가설의 검정에 대해서 다루어보자.

```
Console C:/R/ ⇔                                                    ─□
>
> out = aov(data=lake, Chla~Location)
> summary(out)
            Df Sum Sq Mean Sq F value   Pr(>F)
Location     2   1150   575.1   12.02 8.59e-06 ***
Residuals  387  18510    47.8
---
Signif. codes:  0 '***' 0.001 '**' 0.01 '*' 0.05 '.' 0.1 ' ' 1
>
> |
```

그림 4.8 aov( ) 함수 결과

앞서서 언급했듯이 ANOVA 분석은 종속변수의 독립성, 집단의 정규성, 집단 간 분산의 동질성을 가정하여 수행되는 분석이다. 각 가설에 대한 검정이 반드시 이루어져야 한다. 종속변수의 독립성은 dwtest( )을 이용한다(패키지 lmtest 설치 필요). p-value 값이 0.05보다 작을 경우에는 귀무가설(종속변수에서 자동적인 상관관계(autocorrelation)가

....

2 평균제곱 : 제곱합을 자유도로 나눈 값.

존재한다)을 기각하기 때문에 변수의 독립성을 확인 가능하다. 집단의 정규성은 aov( )의 결괏값의 잔차를 이용해서 검정해야 하기 때문에 정규성 검정 함수인 shapiro.test( )에 resid(out)을 입력하여 p-value 값으로 검정한다. 세 집단 이상의 등분산성을 검정할 때는 var.test( )가 아닌 bartlett.test( )를 사용한다.

```
Console C/R/
>
> dwtest(data=lake, Chla~Location)

        Durbin-Watson test

data:  Chla ~ Location
DW = 1.8363, p-value = 0.04327
alternative hypothesis: true autocorrelation is greater than 0

> shapiro.test(resid(out))

        Shapiro-Wilk normality test

data:  resid(out)
W = 0.75458, p-value < 2.2e-16

> bartlett.test(data=lake, Chla~Location)

        Bartlett test of homogeneity of variances

data:  Chla by Location
Bartlett's K-squared = 112.69, df = 2, p-value < 2.2e-16

> |
```

그림 4.9 ANOVA 가설의 검정

세 개의 검정 모두 귀무가설을 기각하므로 모수 검정방법인 aov( ) 방법의 결괏값은 신뢰도가 낮기 때문에 비모수 검정방법인 Kruskal-Wallis Rank Sum Test를 사용해야 한다. 즉 강원도 세 개의 지역의 평균 조류 발생량을 비교하기 위해서는 비모수 검정방법인 kruskal.test( )를 이용해서 분석해야 하며, aov( ) 분석과 동일한 방법으로 수행한다.

```
Console C:/R/ ⇔                                                    ⊟ □
data:  Chla by Location
Bartlett's K-squared = 112.69, df = 2, p-value < 2.2e-16

> kruskal.test(data=lake, Chla~Location)

        Kruskal-Wallis rank sum test

data:  Chla by Location
Kruskal-Wallis chi-squared = 31.74, df = 2, p-value = 1.282e-07

> |
```

그림 4.10 Kruskal.test( ) 함수 결과

4.4.5 two-way ANOVA

두 개의 독립변수가 종속변수에 미치는 주 효과와 상호작용 효과를 동시에 보기 위해서
는 two-way ANOVA를 수행하면 된다. 비모수 검정방법에서는 two-way 분산분석을 수
행하기 어렵기 때문에 모수 검정방법만 다루도록 하겠다. 기존 one-way ANOVA 분석에
서는 하나의 종속변수와 하나의 독립변수의 모형을 x~y로 나타냈다면, two-way ANOVA
분석에서는 하나의 종속변수와 두 개의 독립변수의 모형을 x~y*z로 나타내서 분석한다.

독립변수의 지역과 계절이 종속변수에 미치는 주 효과에 대한 통계적 유의성 모두 Pr(>
F)가 0.05보다 작기 때문에 각각 지역과 계절에 따른 평균 조류 발생량이 다름을 알 수 있
다. 하지만 지역과 계절이 종속변수에 미치는 상호작용 효과는 Pr(>) 값이 0.05보다 크기
때문에 조류 발생량에 영향을 미치지 못한다는 결론을 맺을 수 있다.

```
Console C:/R/ ⇔                                                    ⊟ □
>
> out=aov(data=lake, Chla~Location*Season)
> summary(out)
                Df Sum Sq Mean Sq F value   Pr(>F)
Location         2   1150   575.1  12.213 7.23e-06 ***
Season           2    500   249.8   5.306  0.00534 **
Location:Season  4     70    17.5   0.372  0.82883
Residuals      381  17940    47.1
---
Signif. codes:  0 '***' 0.001 '**' 0.01 '*' 0.05 '.' 0.1 ' ' 1
> |
```

그림 4.11 two-way ANOVA 분석 결과

4.4.6 다중비교(TukeyHSD, mctp)

각 집단의 평균값들을 비교하여 통계적 유의성을 파악하는 방법을 다중비교라고 한다. 대표적으로 모수 검정에서는 TukeyHSD( ), 비모수 검정에서는 mctp( )가 사용된다(mctp 는 nparcomp 패키지 설치 필요). TukeyHSD는 aov( )의 출력값을 입력 자료로 활용하며, mctp( )는 자료와 변수의 모형을 직접 입력해서 집단 간 평균값의 차이에 대한 통계적 유의성을 확인하면 된다.

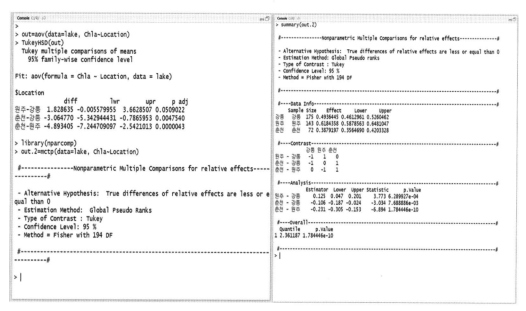

그림 4.12 모수 검정과 비모수 검정에서의 다중 비교

4.5 시각화

4장에서는 one-sample wilcox.test( ) 결과를 ggplot( )으로 그린 그래프를 나타내보았다. boxplot은 one-sample wilcox.test( ) 결과뿐 아니라 two-sample 검정이나 ANOVA 분석에도 사용할 수 있다. 물론 각 분석의 목적에 맞게 두 집단 혹은 세 집단 간의 p-value 가 효과적으로 드러나도록 표기하는 것이 필요하다.

기존에 다루지 않았던 시각화 방법에 대해서 간단히 짚고 넘어가겠다.

1. geom_hline( ) : y축을 절편으로 직선을 추가, yintercept＝숫자, lty＝"직선 종류"

2. geom_text( ) : 그래프 내 원하는 좌표(x, y)에 문자를 추가

3. geom_boxplot(outlier.color＝NA) : outlier 표기를 안 보이게 함

4. ylim(0,20) : y축을 0부터 20으로 제한, y축 제한으로 outlier 21개 표시 제한

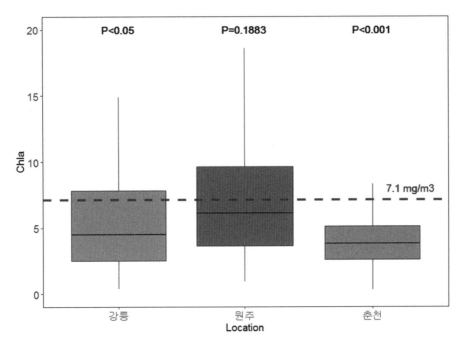

```
Console C:/R/  ⇨
>
> ggplot(data=lake, aes(x=Location, y=Chla, fill=Location)) +
+   geom_boxplot(outlier.color = NA) +
+   geom_hline(yintercept=7.1, color="red", lty="dashed", size=1.5)+
+   geom_text(x=3.3, y=8, label="7.1 mg/m3", color="red", size=5)+
+   geom_text(x=1, y=20, label="P<0.05", color="black", size=5)+
+   geom_text(x=2, y=20, label="P=0.1883", color="black", size=5)+
+   geom_text(x=3, y=20, label="P<0.001", color="black", size=5)+
+   ylim(0,20)+
+   theme_bw()+
+   theme(panel.grid.major = element_blank(), panel.grid.minor = element_blank())+
+   theme(axis.title=element_text(size=14), axis.text=element_text(size=14))+
+   theme(legend.position = "NULL")
Warning message:
Removed 21 rows containing non-finite values (stat_boxplot).
> |
```

그림 4.13 one-sample wilcox.test 그래프와 R script 예시(컬러 도판 p.144 참조)

조류 발생에 관련이 높은 수질 항목은 무엇인가? (상관분석)

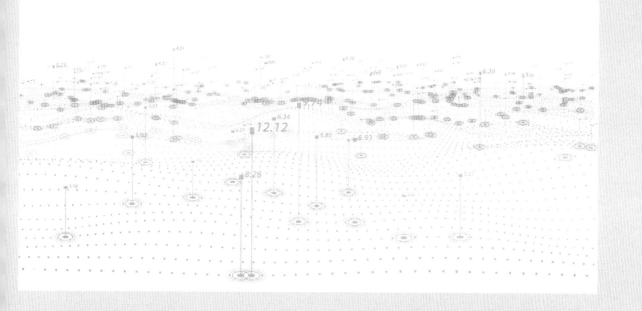

CHAPTER 05 **조류 발생**에 관련이 높은
수질 항목은 무엇인가?
(상관분석)

5.1 목적 설정하기

환경 분야에 종사하는 분들의 주 임무는 환경오염의 원인을 추적하고, 원인을 해결함으로써 환경오염을 사전에 방지하는 일이다. 점오염원[3]의 경우에는 적절한 기준을 세워 관리를 하면 되지만, 비점오염원[4]과 연관되어 있다면 체계적인 관리가 어려울 수 있다. 예를 들어 녹조 또한 비점오염원과 기후 등 다양한 원인에 의해서 발생될 수 있는데, 일반적인 환경 분야에 종사자는 다음과 같은 질문이 들 수 있다.

1. 상시 측정 수질 항목 중에 조류 발생량과 연관이 높은 항목은 무엇일까?
2. 연관 있는 수질 항목의 중요도를 매길 수 있을까?

1의 경우에는 조류 발생량 감소 혹은 증가에 영향을 미치는 수질 항목을 모두 찾아내는

---

3 점오염원 : 생활하수, 산업폐수처럼 오염물질이 특정한 지점에서 발생하는 오염원.
4 비점오염원 : 광범위한 배출경로를 갖는 오염원.

과정이고, 2의 경우에는 개선해야 할 수질 항목의 우선순위를 결정하는 목적을 가지고 있다. 그럼 어떻게 분석하면 될까?

5.2 분석방법 이론

5.2.1 상관분석(Correlation Analysis)

상관분석이란 변수들 간에 서로 관계가 있는지, 관계가 있다면 얼마나 큰지를 통계적으로 검토 및 분석하는 방법을 의미한다. 관계라는 것은 다른 변수와의 밀접한 상호작용의 결과물이기 때문에 상관분석을 통해 각각의 변수에 대한 이해도를 높일 수 있으며 변수의 변화에 대한 설명력 혹은 예측력이 향상될 수 있다. 두 변수의 관련성의 정도는 상관계수(correlation coefficient)를 계산하는 방법에는 대표적으로 피어슨(pearson) 상관계수, 스피어만(spearman) 상관계수, 켄달(kendal) 상관계수가 있다. 일반적으로 측정 실험에서 필요한 표준곡선을 만들기 위한 실험을 통해 얻어지는 R2 값 혹은 상관계수는 피어슨 상관계수를 의미한다. R에서는 cor( )와 cor.test( ) 함수를 이용하여 상관분석을 수행한다.

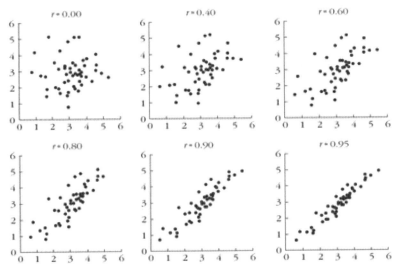

그림 5.1 자료의 분포를 나타내는 산점도를 이용한 상관관계

5.2.2 상관계수(Correlation Coefficient)

상관계수는 변수 간 관계의 정도와 방향을 하나의 수치로 요약 표시해주는 지수로써 [-1, 1] 사이의 값을 가지며, 절댓값이 1에 가까울수록 상관관계가 높다고 할 수 있다. 상관계수가 양수로서 클 경우에는 두 변수의 측정값이 동시에 증가하는 의미이며, 상관계수가 음수로서 클 경우에는 변수의 증감이 서로 반대임을 의미한다. 물론 0에 가까울수록 두 변수의 관계는 독립적이기 때문에 서로 관계가 없다고 할 수 있다. 그러나 상관계수가 크다고 해서 변수 간의 인과관계가 있음을 뜻하지 않는다. 변수 X와 변수 Y 사이에 고려하지 못한 변수가 있어 그 변수가 X와 Y에 모두 영향을 미쳐 X와 Y가 상관관계가 높을 수도 있기 때문이다. 기계적으로 R을 이용해서 상관분석과 상관계수를 계산하는 것은 쉽지만, 해석은 분석자가 충분히 고민 후 결론을 내려야 한다.

상관분석은 두 변수가 정규분포를 이루며, 선형관계를 이루는 것을 기본 가정으로 한다. 하지만 두 가정을 이루지 못하는 자료들도 존재하기 때문에 다양한 상관계수 계산 방법이 존재한다. 피어슨 상관계수는 두 변수 간의 선형적 상관관계를 측정하며, 스피어만 상관계수는 비선형 상관관계의 연관성을 파악할 수 있다. 스피어만 상관계수가 비선형 상관관계를 측정할 수 있는 이유는 두 자료의 측정값 대신 순위(rank)를 사용해 계산하기 때문에, 이산형 자료와 순서형 자료에 적용 가능하다. 켄달 상관계수는 순서쌍의 자료가 있을 때 사용되지만 본 서에서는 별도로 다루지 않는다.

상관분석을 수행하다 보면 상관계수의 절댓값의 크기가 어느 수준에 미쳐야 실질적으로 상관관계가 있는지가 궁금하기도 한다. 정해져 있는 절대적인 상관계수의 크기는 존재하지 않으며 상관계수 검정을 통해서 상관계수의 통계적 유의성을 판단한다. R에서는 cor.test( )를 이용하여 상관계수 검정을 수행하며, p-vlaue가 0.05 이하일 때 '상관계수가 0이다'라는 귀무가설을 기각하여 상관계수의 유의성을 검정한다.

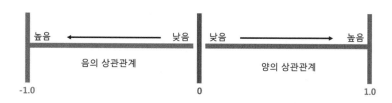

그림 5.2 상관계수의 의미

5.3 자료 수집 및 가공

조류 발생량은 주로 여름과 초가을에 증가한다는 사실을 이미 알고 있기 때문에 계절에 따른 조류 발생량에 미치는 수질항목을 확인하기 위해서 subset( ) 함수와 조건문 lake$Season ＝＝"계절"을 이용하여 추출해보자.

계절별로 추출한 자료는 각각 lake.sp(봄), lake.su(여름), lake.fa(가을)로 할당하고, table( )과 head( )를 이용하여 정확히 추출되었는지 꼭 확인한다.

```
Console C:/R/
>
> table(lake$Season)

  Fall Spring Summer
   147    144     99
> lake.sp=subset(lake, lake$Season=="Spring")
> lake.su=subset(lake, lake$Season=="Summer")
> lake.fa=subset(lake, lake$Season=="Fall")
> table(lake.sp$Season)

  Fall Spring Summer
     0    144      0
> head(lake.su)
    Location Year Month Season  pH  DO COD  SS    TN    TP TOC Temperature Conductivity Chla
145      강릉 2012     6 Summer 7.8 7.7 4.6 2.2 1.082 0.020 3.0        22.5          232  6.6
146      강릉 2012     6 Summer 6.6 9.0 3.8 2.3 0.671 0.012 1.7        15.7           23  5.4
147      강릉 2012     6 Summer 7.3 7.8 3.2 2.5 0.682 0.012 1.5        17.2           26  2.6
148      강릉 2012     6 Summer 7.0 7.5 5.2 4.5 0.587 0.015 2.9        20.6           40 10.3
149      강릉 2012     6 Summer 7.7 8.1 3.4 1.8 0.654 0.010 1.5        18.2           82  4.9
150      강릉 2012     6 Summer 8.2 5.5 5.2 7.6 1.188 0.035 2.4        22.0          104 18.0
>
```

그림 5.3 계절에 따른 자료 추출

5.4 자료 분석

5.4.1 다중 정규성 검정(lapply, function, unlist)

상관계수를 계산하기 전에 먼저 각 변수들의 정규성 검정을 수행해야 한다. 단일 변수일 경우에는 shapiro.test( )를 사용해서 검정하면 되지만, 상관분석을 수행할 다수의 변수를 정규성 검정하기 위해서는 새로운 함수가 필요하다.

lapply( )는 앞서서 배운 sapply( )와 입력방식은 같으나 출력방법이 다르다. sapply(data＝?, 기술통계)로 출력하면, 각 변수들에 대한 출력값이 행으로 정렬되어서 나온다.

lapply(data=?, 기술통계)로 출력하면, 기술통계 함수가 반복되어 수행되는 형태로 출력되어서 나온다. 즉, shapiro.test( )은 단일 변수에 대한 정규성 검정 결과가 출력되지만, lapply(data=?, shapiro.test)는 다수의 변수별로 shapiro.test( ) 함수가 반복되어 수행된다. 반복 수행되어 출력값이 표기되기 때문에 변수별로 스크롤을 내리면서 p-value 값을 일일이 확인해야 하는 불편함이 있다.

모든 변수의 정규성 검정 결괏값인 p-value를 한눈에 확인하기 위해서는 function(x)와 unlist( )에 대한 함수를 배울 필요가 있다. function(x)은 사용자가 x에 대한 함수를 임의적으로 정의할 수 있는 함수로서 사용법을 알아두면 분석할 때 매우 요긴히 사용할 수 있다. 이 장에서는 x를 shapiro.test( ) 값의 p-value 값을 정의하기 위해서 function(x) x$p-value라고 사용할 예정이다. unlist( )는 구조화되어 있는 출력값을 간단한 포맷으로 바꾸어주는 함수로서, 변수별로 출력된 p-vlaue 값을 한눈으로 확인할 수 있게 도와줄 것이다. lapply( )를 function(x) 함수와 다시 사용하여 변수별 p-vlaue 값을 출력하여 unlist( )를 통해 간략하게 표기해보았다.

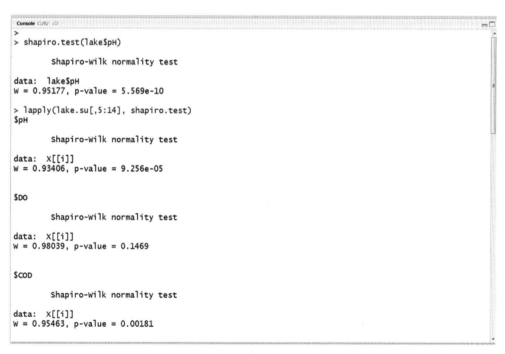

그림 5.4 lapply( )를 이용한 다수의 변수의 정규성 검정

```
Console C:/R/
>
> sha.su=lapply(lake.su[,5:14], shapiro.test)
> unlist(lapply(sha.su, function(x) x$p.value))
          pH           DO          COD           SS           TN           TP          TOC
9.256027e-05 1.469134e-01 1.809572e-03 6.098932e-12 6.721324e-06 1.562477e-10 1.377838e-03
 Temperature Conductivity         Chla
4.129844e-02 8.939477e-10 2.329085e-11
> round(unlist(sapply(sha.su, function(x) x$p.value)),4)
          pH           DO          COD           SS           TN           TP          TOC
      0.0001       0.1469       0.0018       0.0000       0.0000       0.0000       0.0014
 Temperature Conductivity         Chla
      0.0413       0.0000       0.0000
>
```

그림 5.5 function(x)와 unlist( )를 이용해 변수별 p-value 출력 결과

변수별 정규성 검정의 p-vlaue 값을 출력한 결과 대부분의 값들이 0.05보다 현저히 작아서 정규성을 이루지 않음을 확인할 수 있다. p-value의 값이 너무 작아 숫자 확인이 어렵다면 round(x, digit=?)를 이용해 결괏값을 반올림하여 유효숫자를 맞출 수 있다. 모든 변수가 정규성을 이루지 않기 때문에 스피어만 상관계수를 계산하여 상관분석을 수행해야 한다.

5.4.2 상관계수 분석(cor, cor.test)

앞에서 분석한 여름 강원도 농업용 저수지의 수질 항목은 모두 정규성을 이루지 않기 때문에 스피어만 상관계수를 계산하여 상관분석을 수행해야 한다. 상관계수 계산 함수는 cor(x, y, method="pearson" 혹은 "spearman")와 같다. x와 y에 비교하고자 하는 변수를 각각 입력한 후에 정규성 검정에 따라 상관계수 계산 방법을 피어슨과 스피어만을 결정하면 된다. 그림 5.6에서는 조류 발생량(Chla)과 총유기물탄소(TOC)의 상관계수 값이 0.5993421이 나옴을 확인하였다. 상관분석을 수행할 변수가 많을 경우에는 너무 노동집약적이기 때문에 y에 입력하는 변수를 생략하고, x에 자료 뭉치(dataset)를 입력하면 변수의 조합별 상관계수가 동시에 계산되어 출력된다. 주의해야 할 점은 수치형 자료만 입력해야 한다는 것이다.

```
Console C:/R/
>
> cor(lake.su$Chla, lake.su$TOC, method = "spearman")
[1] 0.5993421
> cor(lake.su[,5:14], method="spearman")
                      pH          DO          COD         SS          TN        TP         TOC
pH            1.00000000  0.16238412 -0.047704154  0.1461371  0.219305458  0.3068473 -0.02425471
DO            0.16238412  1.00000000 -0.394576256 -0.3850654 -0.346926984 -0.3532937 -0.33572623
COD          -0.04770415 -0.39457626  1.000000000  0.6516536  0.001647959  0.6375571  0.91765100
SS            0.14613712 -0.38506540  0.651653615  1.0000000  0.271587687  0.8265420  0.56410569
TN            0.21930546 -0.34692698  0.001647959  0.2715877  1.000000000  0.3279158  0.00146437
TP            0.30684730 -0.35329367  0.637557056  0.8265420  0.327915798  1.0000000  0.59566452
TOC          -0.02425471 -0.33572623  0.917651000  0.5641057  0.001464370  0.5956645  1.00000000
Temperature   0.38295062  0.06532458  0.163611751  0.2924655  0.177453822  0.4446359  0.27140534
Conductivity  0.48156281 -0.20094041  0.120792908  0.2458479  0.163173034  0.3971069  0.10139095
Chla          0.17878044 -0.25902292  0.686090478  0.6405245  0.139019028  0.6410519  0.59934214
             Temperature Conductivity       Chla
pH            0.38295062    0.4815628  0.1787804
DO            0.06532458   -0.2009404 -0.2590229
COD           0.16361175    0.1207929  0.6860905
SS            0.29246550    0.2458479  0.6405245
TN            0.17745382    0.1631730  0.1390190
TP            0.44463586    0.3971069  0.6410519
TOC           0.27140534    0.1013910  0.5993421
Temperature   1.00000000    0.2463727  0.3185830
Conductivity  0.24637273    1.0000000  0.2189252
Chla          0.31858303    0.2189252  1.0000000
>
```

그림 5.6 cor( ) 분석 결과

자료뭉치를 넣어 분석해서 구분하는 것이 번거롭다면, lapply( )와 function(x)를 이용해서 특정 변수에 다른 변수를 대응한 상관계수를 선택적으로 출력 가능하다. function(x)의 x를 cor( )로 정의하고, 입력 변수를 조류 발생량(lake$Chla)으로 지정하면 조류 발생량과 다른 변수 간의 상관관계를 선택적으로 계산할 수 있다. sort( )를 이용해서 상관계수의 크기에 따라 정렬도 가능하다. 그 결과 조류 발생량은 COD, TP, SS, TOC 순으로 상관관계가 높음을 확인하였다.

```
Console C:/R/
>
> unlist(lapply(lake.su[,5:14], function(x) cor(x, lake.su$Chla, method="spearman")))
         pH           DO          COD           SS           TN           TP          TOC
  0.1787804   -0.2590229    0.6860905    0.6405245    0.1390190    0.6410519    0.5993421
 Temperature Conductivity         Chla
  0.3185830    0.2189252    1.0000000
> a=unlist(lapply(lake.su[,5:14], function(x) cor(x, lake.su$Chla, method="spearman")))
> sort(a, decreasing=T)
       Chla          COD           TP           SS          TOC  Temperature Conductivity
  1.0000000    0.6860905    0.6410519    0.6405245    0.5993421    0.3185830    0.2189252
         pH           TN           DO
  0.1787804    0.1390190   -0.2590229
>
```

그림 5.7 단일 변수를 다량의 변수에 대응하여 상관분석 수행 결과

상관계수 검정은 cor.test( )를 이용하며, 사용 방법은 cor( )와 유사하지만 자료뭉치를 사용할 수 없다는 점은 매우 불편하다. 물론 function(x)를 이용해서 긴 R script를 작성하면 가능하지만 여기서는 다루지 않도록 하겠다. cor.test( ) 수행 시 exact=F를 추가하였다. 스피어만 상관계수는 순위를 이용하여 계산하기 때문에 가끔 중복 순위 등의 이유로 에러 메시지가 발생하는데, 이를 무시하고 검정하기 위하여 exact=F를 추가하였다.

cor.test( ) 결과의 맨 하단에는 상관계수의 값이 표기된다. 스피어만 상관계수는 rho 값으로 표기되고, 피어슨 상관계수는 cor 값으로 표기된다. 검정 결과는 p-value 값을 확인하면 된다. COD와 온도(temperature)는 각각 rho 값이 0.6860과 0.3185가 나왔으며, 두 변수 모두 p-vlaue 값이 0.05보다 작기 때문에 '상관관계가 0이다(두 개의 변수는 독립적)'인 귀무가설을 기각하므로 상관관계가 통계적으로 유의하게 있다고 설명할 수 있다. 하지만 총 질소(TN)는 rho 값이 0.1390이며 p-vlaue 값이 0.17이므로 귀무가설을 채택하여 조류 발생량과의 상관관계가 없다고 확인하였다.

```
Console C:/R/ 

> cor.test(lake.su$Chla, lake.su$COD, method="spearman", exact=F)

        Spearman's rank correlation rho

data:  lake.su$Chla and lake.su$COD
S = 50759, p-value = 4.624e-15
alternative hypothesis: true rho is not equal to 0
sample estimates:
      rho
0.6860905

> cor.test(lake.su$Chla, lake.su$Temperature, method="spearman", exact=F)

        Spearman's rank correlation rho

data:  lake.su$Chla and lake.su$Temperature
S = 110190, p-value = 0.00131
alternative hypothesis: true rho is not equal to 0
sample estimates:
      rho
0.318583

> cor.test(lake.su$Chla, lake.su$TN, method="spearman", exact=F)

        Spearman's rank correlation rho

data:  lake.su$Chla and lake.su$TN
S = 139220, p-value = 0.17
alternative hypothesis: true rho is not equal to 0
sample estimates:
      rho
0.139019

> |
```

그림 5.8 cor.test( ) 함수 결과

호수에서 질소와 인은 조류 발생에 가장 중요한 인자로 알려져 있음에도 불구하고, TN이 조류 발생량과의 상관관계가 없다는 결과는 의아하게 생각될 수도 있다. 앞에서 언급했듯이 상관관계는 두 변수 간 관계성의 경향을 의미하므로 직접적인 인과관계에 대해서 명확히 도출하기는 어렵다. TN의 경우 조류 성장에 이미 소모가 되어 TN의 농도가 측정한 시점에 있어서 조류 발생량과 상관관계가 없을 수도 있다. 이처럼 상관관계는 통계 분석에 의한 결괏값으로 관계성을 유추하는 것도 중요하지만, 그 상관관계가 상대적으로 낮은 변수에 대해서도 열린 마음으로 바라보는 것도 중요하다.

5.5 시각화

＊ 필요 패키지 : corrplot

corrplot 패키지는 상관분석 결과를 가장 효과적으로 표현할 수 있는 그래프를 제공한다. 방법에는 shade(타일 색으로 표기), number(숫자 표기), circle(원의 크기로 표기)로 상관계수를 그래프 위에 나타낼 수 있으며, type은 full, lower, upper로 선택하여 그래프의 표현 모양을 선택할 수 있다. tl.col과 ,tl.srt는 각각 글자의 색과 기울기를 수정할 수 있다. 눈에 띄는 옵션은 order인데 hclust를 선택할 시 R에서 제공하는 군집 함수인 hclust를 이용하여 유사한 상관관계를 보이는 인자들 순으로 정렬하여 그래프를 제공하고 있다. ggplot 패키지를 이용해서 corrplot 패키지와 유사한 형태의 그래프도 연습해보면 도움이 될 것이다.

대응하는 변수의 자료들의 분포를 직접 그래프에 표기하여 상관분석 그래프를 나타내는 방법도 있다. geom_point( )를 이용해서 조류 발생량과 TOC의 분포를 나타내고, geom_smooth( )를 이용해서 분포의 선형 추세선을 입력하였다. 그리고 cor.test( )의 결괏값인 상관계수와 p-value 값을 geom_text( )를 이용해서 추가하였다. 이렇게 범주형 자료를 이용해서 나타내도 되지만, 대응하는 다른 변수들을 이용해서 같은 방법으로 그려도 괜찮다.

기존에 다루지 않았던 시각화 방법에 대해서 간단히 짚고 넘어가겠다.

1. geom_smooth( ) : method = "loess" "lm"를 선정하면 비선형, 선형의 추세선을 신뢰 범위와 함께 추가
2. data.frame : R에서 사용하는 자료 표를 만들어줌. geom_text( )를 이용해서 계절별 상관계수와 검정 결과를 표기하기 위해서 추가로 수행

```
Console C:/R/ ⏿
>
> library(corrplot)
>
> cor=round(cor(lake.su[ ,5:14], method="spearman"),2)
>
> corrplot(cor, method="shade", shade.col=NA, tl.col="black", tl.srt=45)
>
> corrplot(cor, method="number", type="lower", tl.col="black", tl.srt=45)
>
> corrplot(cor, method="circle", type="lower", order="hclust", tl.col="black", tl.srt=45)
>
> cor.melt=melt(cor)
> ggplot(data=cor.melt, aes(x=Var1,y=Var2, fill=value))+geom_tile(color="white")+
+   scale_fill_gradient2(low="blue",high="red",mid="white") +
+   geom_text(aes(x=Var1,y=Var2,label=value),color="black") +
+   theme_bw()+
+   theme(axis.title=element_blank())
> |
```

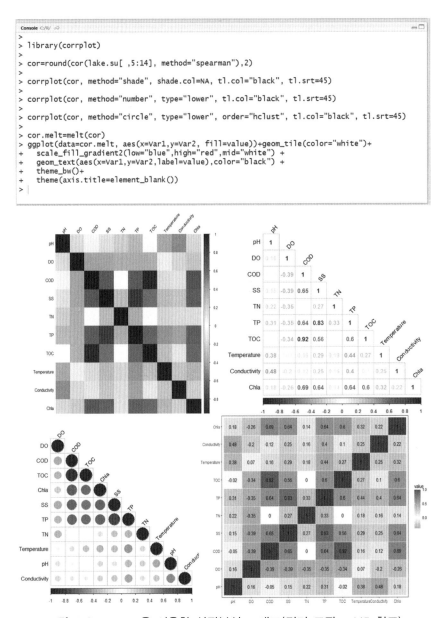

그림 5.9 corrplot을 이용한 상관분석 그래프(컬러 도판 p.145 참조)

```
Console C:/R/  @                                                          □ ■ □
>
> text=data.frame(x=13, y=6, Season=c("Fall", "Spring", "Summer"),
+                 lab=factor(c("rho=0.3954, P<0.05", "rho=0.5323, P<0.05", "rho=0.5993, P<0.05")))
>
> ggplot(data=lake, aes(x=Chla,y=TOC, color=Season)) +
+    geom_point(size=2) +
+    geom_smooth(method="lm") +
+    geom_text(data=text, aes(x,y, label=lab),size=5)+
+    facet_wrap(~Season) +
+    xlim(0,25) +
+    theme_bw()+
+    theme(legend.position = "NULL")
Warning messages:
1: Removed 11 rows containing non-finite values (stat_smooth).
2: Removed 11 rows containing missing values (geom_point).
> |
```

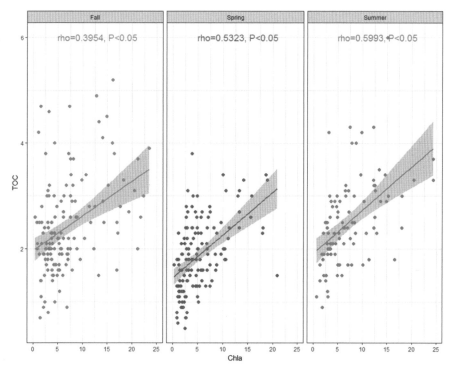

그림 5.10 대응하는 변수들의 분포를 표기하는 상관분석 그래프(컬러 도판 p.146 참조)

환경자료를 이용해서 미래의 조류 발생량을 예측할 수 있을까?(회귀분석)

CHAPTER 06 환경자료를 이용해서
미래의 조류 발생량을
예측할 수 있을까?(회귀분석)

6.1 목적 설정하기

의료 분야에서 최고의 질병관리는 예방이듯이 환경 분야에서도 최고의 관리는 환경오염을 사전에 방지하는 것이라고 할 수 있다. 환경오염이 발생하면 오염정화, 2차 오염 방지 등 발생하는 비용 소모가 크기 때문에 환경오염을 사전에 예측해서 방지하는 것이 매우 중요하다. 그럼 기존에 보유하고 있는 환경자료를 이용해서 미래의 환경오염을 예측하는 것은 가능할까? 간단히 생각해보면 지난 장에서 배웠던 상관관계가 높은 독립변수들을 나열해서 수학적 함수를 만들면 종속변수들을 계산할 수 있을 것 같기도 하다. 그럼 다음과 같은 질문을 통해 기존 환경자료를 예측에 활용해보자.

1. 조류 발생량에 상관관계가 높은 수질 항목들로 수학적 함수를 만들 수 있을까?
2. 만들 수 있다면 향후 조류 발생량을 예측 가능한가?

1의 경우 조류 발생량에 민감하게 반응하는 수질항목들을 이용해서 각 항목들의 계수와 절편을 결정해서 수학적 함수를 만들면 될 것이고, 2의 경우에는 결정된 수학적 함수를 조류 발생량의 예측에 적합한지 평가하는 목적을 가지고 있다. 그럼 어떻게 분석하면 될까?

6.2 분석 방법 이론

6.2.1 회귀분석(regression analysis)

회귀(regression)는 유전학자 프란시스 골턴이 유전의 법칙을 연구하다 나온 명칭으로 한 세대의 유전적 형질은 그 세대의 평균으로 접근하는 현상을 '평균으로의 회귀(regression toward mean)'라고 명명하였다. 이러한 회귀의 법칙은 평균이란 정보를 이용하여 특정 변수를 예측하려는 시도를 하였고, 예측 정확도를 향상시키기 위하여 종속변수에 영향을 주는 다른 독립변수들을 이용해서 예측하려는 분석이 회귀분석이다.

회귀분석은 한 개 또는 그 이상의 변수(독립변수[5])에 대하여 다른 변수(종속변수[6]) 사이의 관계를 수학적 모형을 산출하는 분석 기법이다. 상관분석이 상관계수를 계산하여 두 변수 간의 선형관계를 분석하는 데 그친다면, 회귀분석은 변수 간의 관계를 이용하여 예측하려는 분석이라 할 수 있다. 이러한 회귀분석은 독립변수의 개수에 따라 단순회귀분석과 다중회귀분석, 독립변수와 종속변수의 관계에 따라 선형회귀분석과 비선형회귀분석으로 나뉜다.

다른 분석처럼 회귀분석도 분석하기 위한 가정이 존재한다.

1. 독립변수와 종속변수 간에는 통계적으로 유의한 상관관계가 존재해야 한다.
2. 잔차(residuals)의 평균은 0이며 분산은 정규분포를 따라야 한다.
3. 특정한 독립변수 값에 해당하는 종속변수 값들이 정규분포를 해야 하며, 모든 정규분포의 분산이 동일해야 한다.
4. 각 독립변수 간에는 다중공선성(multicollinearity)[7]이 적어야 한다.

....

5 독립변수 : 종속변수에 영향을 미치는 변수.
6 종속변수 : 분석의 대상이 되는 변수.
7 다중공선성 : 독립변수 간에 서로 영향을 주는 현상.

가정에서 나타나는 것처럼 자료가 정규분포와 등분산을 이루지 않으면 자료의 규칙성이 일관되지 않기 때문에 예측하기 어려울 수밖에 없다. 또한 독립변수 간에 영향을 미친다면 종속변수와의 관계를 독립적으로 분석하기는 불가능하다. 하지만 이러한 내용들을 분석을 수행하면서 알 수 있는 결과들이기 때문에 모든 가정이 성립한다는 전제하에 사후검정을 수행한다.

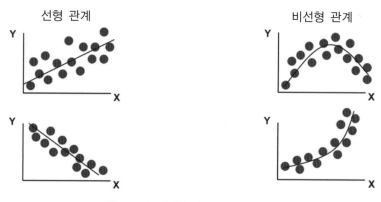

그림 6.1 독립변수와 종속변수의 관계

6.2.2 단순회귀분석과 다중회귀분석

단순회귀분석이 두 변수 간의 인과관계(casual relationship)를 조사하는 통계 분석 방법이라면, 다중회귀분석은 두 개 이상의 독립변수들과 하나의 종속변수의 관계를 분석하는 기법으로 단순회귀분석을 확장한 방법이다. 두 분석 모두 종속변수를 예측하기 위한 독립변수들의 수학적 모형 혹은 회귀식을 만들고 회귀식을 검정하는 절차를 거쳐 최종적으로 예측에 활용된다. 간단히 회귀식을 표현하자면 하나의 독립변수와 종속변수로만 이루어진 단순회귀분석은 $Y=a0+a1x$과 같은 형태($Y=$종속변수, $X=$독립변수)로 나타나며, 다수의 독립변수로 구성된 다중회귀분석은 $Y=a0+a1x1+a2x2+a3x3+\cdots+anxn$으로 표현된다고 이해하면 된다. 앞의 식을 회귀식이라 부르며 a0와 a1 등은 회귀계수라 한다. 회귀식으로부터 계산되는 예측값(적합된 값 : fitted value)과 실제 자료상의 측정값의 차이를 잔차(residual)라고 부른다. 독립변수와 종속변수의 관계에 따라 선형회귀분석과 비선형회귀분석으로 나뉘지만, 본 장에서는 선형회귀분석에 대해서만 다루도록 하겠다.

R에서는 선형회귀분석은 lm( ) 함수로 분석하게 된다. 단순회귀분석은 lm(data=?,

x~y), 다중회귀분석은 lm(data=?, x~y+z+⋯)으로 수행하며 각 독립변수는 적절한 변수 선택과정을 거쳐서 결정된다. 선택된 독립변수로 만든 모형 혹은 회귀식의 성능을 평가하는 척도로는 AIC(Akaike Information Criterion), BIC(Bayesian Information Criterion) 등을 사용하여 최적의 모델을 선택하는 기준이 된다. 또한 모형으로 인한 종속변수를 설명하는 정도(설명력)는 F 통계량, 결정계수(R-sqaured)와 수정결정계수(Adjusted R-squared)를 이용하여 나타낸다. 자세한 사용 방법은 분석에서 알아보자.

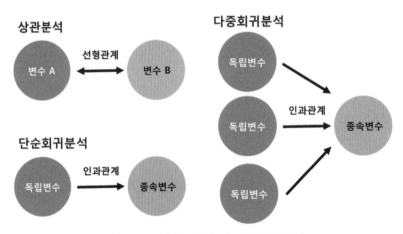

그림 6.2 단순회귀분석과 다중회귀분석

6.2.3 다중회귀분석에서의 변수 선택

다중회귀분석은 2개 이상의 변수를 선택하여 회귀식을 무수히 만들 수 있기 때문에 적합한 회귀식들 중에서 설명력이 높은 회귀모형을 만들 수 있는 변수를 선택하는 과정은 매우 중요하다. 물론 경험이나 이론에 의해 종속변수에 영향을 미칠 수 있는 독립변수를 선택할 수도 있겠지만 환경자료에서는 미처 고려하지 못했던 독립변수의 영향을 보기 위해서는 통계적인 기법이 필요로 하다. 그럼 적합한 회귀모형을 위한 좋은 변수는 무엇일까? 간단히 말하면 잔차가 적은 회귀모형을 만들 수 있는 독립변수로 구성하는 것이 좋은 선택이라 할 수 있다. 독립변수의 모든 경우의 수는 회귀모형을 직접 비교평가하고 결정해야 하지만, 시간이나 비용적인 측면에서 매우 비효율적이기 때문에 다중회귀분석에서는 모두선택(enter), 전진선택(forward selection), 후진제거(backward elimination), 단계선택(stepwise selection)

을 이용해서 변수를 선택한다.

모두선택 : 모든 독립변수를 사용하여 모형 선택

> 영향력 없는 독립변수를 사용하기 때문에 모형이 과대 혹은 부정확할 수 있음

전진선택 : 영향을 주는 독립변수만 선택적으로 활용하여 모형 선택

> 영향력이 가장 큰 변수 선택→모형 적절→두 번째 영향 큰 변수 선택→ … →
최종 선택된 변수만을 모형에 포함

후진제거 : 모든 변수로 모형을 만든 다음 영향력이 적은 변수를 모형에서 제거해서 선택

> 마지막으로 남은 변수들은 모두 영향을 주는 변수만 존재

단계선택 : 기본적으로 전진선택, 부수적으로 후방제거 방법을 포함하여 변수 조합을 이
용한 선택(A>AB>ABC>BC…)

> 전진선택/후진제거의 한계 : 선택된 변수는 끝까지 남거나 제거되어 모형 선택

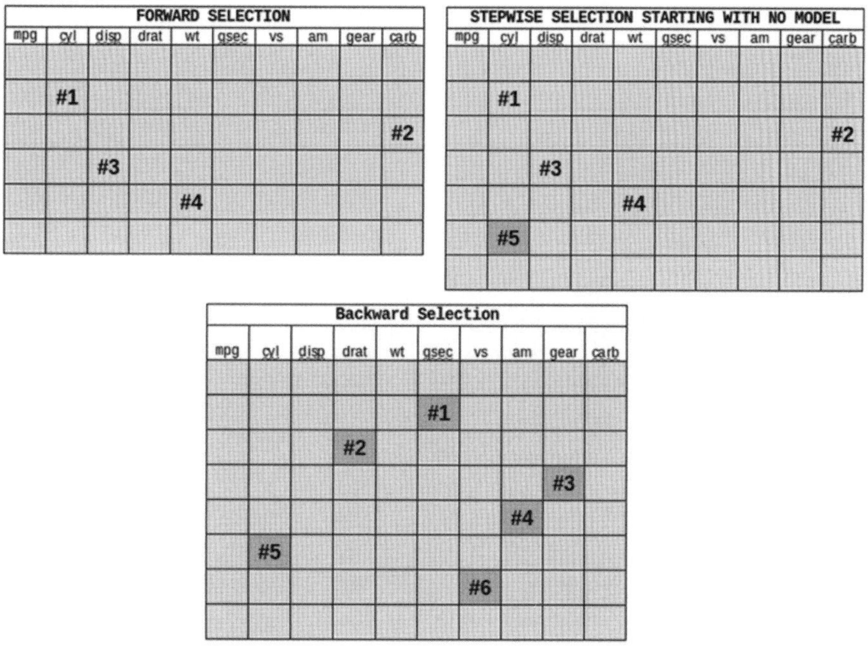

그림 6.3 다중회귀분석에서의 변수 선택(컬러 도판 p.147 참조)

6.3 자료 분석

6.3.1 단순회귀분석(lm, predict)

조류 발생량(Chla)과 총인(TP)을 각각 종속변수와 독립변수로 지정하여 단순회귀분석을 진행해보자. lm(Chla~TP, lake)으로 입력하게 되면, 회귀계수(Coefficient) 중 절편(intercept)은 1.872와 TP는 302.418이 나와 Chla와 TP의 관계는 $Chla = 1.872 + 30.2418 \times TP + \varepsilon$ (오차)로 구성됨을 확인할 수 있다.

회귀식에 총인 자료를 입력했을 때 계산되는 조류 발생량을 예측값 혹은 적합한 값(fitted value)이라고 부르며 실제 측정된 조류 발생량 값과 적합한 값의 차이를 잔차(기술적으로는 오차라고도 부름)라고 부른다. 적합한 값과 잔차를 확인하는 함수는 각각 fitted(모형)와 residuals(모형)이며, 두 값의 합은 항상 측정값과 일치해야 한다. 즉 fitted (model) [1:6] +residuals(model)[1:6] 값은 head(model)에서 출력된 값과 일치해야 한다. 그리고 단순회귀분석에서는 절편과 독립변수의 기울기는 정규분포를 따르기 때문에 회귀계수의 신뢰구간도 confint(모형) 함수를 사용해서 확인 가능하다.

```
Console C:/R/ 🔊
>
> lm(Chla~TP, lake)

Call:
lm(formula = Chla ~ TP, data = lake)

Coefficients:
(Intercept)           TP
      1.872       302.418

> model=lm(Chla~TP, lake)
> fitted(model)[1:6]
        1         2         3         4         5         6
 3.686565 13.363952  3.686565  2.779310  2.779310  3.081728
> residuals(model)[1:6]
         1          2          3          4          5          6
-1.886565  41.736048  -1.186565  -1.179310  -1.879310  -2.081728
> fitted(model)[1:6] + residuals(model)[1:6]
   1    2    3    4    5    6
 1.8 55.1  2.5  1.6  0.9  1.0
> head(lake$Chla)
[1]  1.8 55.1  2.5  1.6  0.9  1.0
> confint(model)
                  2.5 %      97.5 %
(Intercept)   0.9471386    2.796971
TP          261.3277620  343.508924
> predict(model, newdata=data.frame(TP=c(0.05,0.1,0.15)))
       1        2        3
16.99297 32.11389 47.23481
> |
```

그림 6.4 단순회귀분석 수행

predict( ) 함수를 이용할 경우 새롭게 만든 자료를 앞서서 제작한 회귀식에 대입해서 예측이 가능하다. 예를 들어 data.frame(TP=c(0.05,0.1,0.15))로 총인의 새로운 세 개의 자료를 이용하여 회귀식에 입력할 시에 각각 16.9, 32.1, 47.2의 조류 발생량을 예측함을 확인할 수 있다.

6.3.2 단순회귀분석 모형 평가(summary, anova)

단순회귀분석뿐만 아니라 다중회귀분석도 회귀모형을 평가하는 기준에는 결정계수, 조정 결정계수, F 통계량 등이 존재한다. 회귀모형의 기준을 확인하는 함수는 summary(모형)이다.

Call 이하의 결과는 입력한 회귀식에 대한 정보를 알려주며, residuals 이하의 결과는 실제로 관측된 잔차의 요약 정보를 제공한다. Coefficient는 회귀모형의 회귀계수에 대한 정보와 이 계수들의 통계적인 유의성을 알려준다. 절편과 TP의 회귀계수의 p-value 값이 0.05 이하이므로 귀무가설(절편 혹은 회귀계수는 0이다)을 기각하므로 절편과 TP의 회귀계수는 0이 아니며 통계적으로 유의한 숫자로 결론을 내린다. 만약 p-value가 0.05보다 클 경우 귀무가설을 채택하므로 절편 혹은 회귀계수는 0으로 고려해야 한다.

마지막으로 결정계수(R-squared)와 수정결정계수(adjusted R-squred)는 모형이 자료를 얼마나 잘 설명하는지 알려주며, F 통계량(F-statistic)은 모형이 통계적으로 얼마나 의미가 있는지 알려준다. 결정계수는 일반적으로 0.65 이상일 경우 회귀식이 자료를 잘 설명한다고 판단한다. 복잡한 환경자료에서는 0.5 이하의 설명력이 나오는 경우가 대다수라서 결정계수에 대한 의미에 대해서는 분석가가 F 통계량과 같이 잘 고민해볼 필요가 있다. 수정결정계수는 독립변수의 수와 자료의 수를 고려한 결정계수로서 다중회귀분석에서 변수의 수가 증가할수록 결정계수가 높아지는 단점을 줄이기 위해서 주로 활용한다. F 통계량의 p-value는 0.05보다 이하이므로 귀무가설 '선택된 모형과 축소 모델(종속변수와 상수와의 관계)과 같다'를 기각하므로 선택된 모형은 통계적으로 유의한 의미가 있다고 결론내린다.

```
Console C/R/

>
> summary(model)

Call:
lm(formula = Chla ~ TP, data = lake)

Residuals:
    Min      1Q  Median      3Q     Max
-18.834  -2.617  -1.197   1.097  41.736

Coefficients:
             Estimate Std. Error t value Pr(>|t|)
(Intercept)    1.8721     0.4704   3.979 8.24e-05 ***
TP           302.4183    20.8996  14.470  < 2e-16 ***
---
Signif. codes:  0 '***' 0.001 '**' 0.01 '*' 0.05 '.' 0.1 ' ' 1

Residual standard error: 5.737 on 388 degrees of freedom
Multiple R-squared:  0.3505,    Adjusted R-squared:  0.3488
F-statistic: 209.4 on 1 and 388 DF,  p-value: < 2.2e-16

> |
```

그림 6.5 회귀모형 평가를 위한 summary( ) 활용

직접 선택된 모형과 축소모형을 비교해보려면 anova( ) 함수를 사용하면 된다. 축소 모델은 조류 발생량의 독립변수로 총인(TP) 대신 상수 1로 대체하였다. anova( )를 이용해서 비교한 결과, F 통계량은 209.38이며, p-value는 0.05보다 현저히 작게 나타났다. 따라서 축소모형과 선택된 모형 간에는 유의한 차이가 있으며, 독립변수 TP는 유의한 설명변수임을 알 수 있다.

```
Console C/R/

>
> model1=lm(Chla~TP, lake)
> model2=lm(Chla~1, lake)
>
> anova(model1, model2)
Analysis of Variance Table

Model 1: Chla ~ TP
Model 2: Chla ~ 1
  Res.Df   RSS Df Sum of Sq      F    Pr(>F)
1    388 12769
2    389 19660 -1   -6890.8 209.38 < 2.2e-16 ***
---
Signif. codes:  0 '***' 0.001 '**' 0.01 '*' 0.05 '.' 0.1 ' ' 1
> |
```

그림 6.6 anova( )를 이용한 모델 비교 평가

plot( ) 함수를 이용해서 회귀분석의 모형을 추가적으로 평가할 수 있다.

첫 번째 그래프(Residuals vs fitted)는 x축에 적합한 값(fitted value)과 y축에는 잔차 (residuals)를 보여준다. 회귀분석의 가정에서 잔차의 평균이 0이고 분산이 정규분포를 이루어야 하므로 그래프의 기울기(붉은 선)가 0이 관측되는 것이 이상적이다. 기울기는 0에 가까우나 분산이 적합한 값이 커질수록 분산의 차이가 다소 커짐을 확인할 수 있다.

두 번째 그래프(Normal Q-Q)는 잔차가 정규분포를 따르는지 확인하는 용도로 사용한다. 이론적 분포(회귀식에 계산된 분포)와 표준화잔차[8]가 서로 근접하게 분포하고 있으면 정규성을 가진다고 평가한다. 즉 대각선을 기준으로 점들이 가깝게 선형을 이루고 있으면 정규성을 이루지만 그렇지 않을 경우에는 정규성을 이루지 않는 것으로 판단한다. 표준화 잔차가 ±2일 경우가 상당히 존재하여 정규성을 이루지 않는 것으로 보인다.

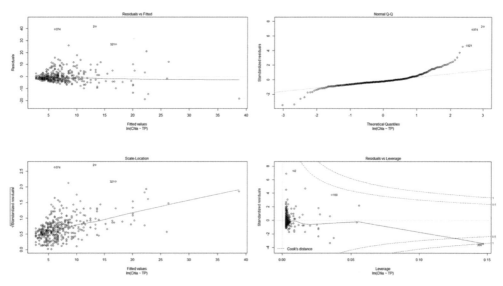

그림 6.7 그래프를 이용한 회귀분석 모형 평가

세 번째 그래프(Scale-Location)는 x축에는 적합한 값과 y축에는 표준화잔차를 보여준다. 이 경우도 기울기가 0인 직선(붉은 선)이 이상적이므로, 0에서 멀리 떨어진 값이 있다

---

8 표준화잔차 : 잔차를 표준편차로 나눈 값으로 회귀식으로부터 측정값이 얼마나 떨어져 있는 것을 나타내는 것으로 ±2 일 경우 이상치일 확률이 높음.

면 회귀식이 종속변수를 잘 설명하지 못한다는 의미로 생각할 수 있다. 이런 자료들은 이상치일 확률이 높다.

네 번째 그래프(Residuals vs Leverage)는 x축에는 레버러지와 y축에는 표준화잔차를 보여준다. 레버러지는 독립변수가 종속변수를 극단적으로 설명하는 것을 뜻한다. 0.05 이상의 레버러지를 보이는 독립변수가 상당수 존재하는 것으로 보이고, 이들은 종속변수에 큰 영향을 미치므로 제거하는 등의 작업이 별도로 필요하다. 붉은색 점선으로 표기되어 있는 쿡의 거리(cooks's distance)는 회귀식에 크게 영향을 끼치는 자료를 찾는 방법인데. 쿡의 거리는 표준화잔차와 레버러지에 비례하므로 오른쪽 모서리에 쿡의 거리가 큰 값들이 위치하게 된다.

이상치(outlier)는 회귀식의 모형에 의해서 잘 설명이 되지 않는 자료를 의미하며, 주로 Bonferonni p-value에 의해서 검정된다. car 패키지에 포함되어 있는 outlierTest(모형)를 사용해 이상치를 쉽게 구할 수 있다. rstudent 값은 잔차를 잔차의 표준편차로 나눈 값으로 절댓값의 수치가 클수록 이상치일 확률이 높다.

```
Console C:/R/
>
> library(car)
> outlierTest(model)
    rstudent unadjusted p-value Bonferonni p
2   7.855290         3.9756e-14     1.5505e-11
374 7.349838         1.1898e-12     4.6401e-10
321 4.846292         1.8239e-06     7.1132e-04
289 4.653274         4.4937e-06     1.7525e-03
>
```

그림 6.8 outlierTest( )를 활용한 이상치 추정 방법

6.3.3 변수 선택(step, vif)

주어진 많은 자료에서 종속변수를 설명하기 위한 독립변수를 경험에 의해서 결정할 수도 있지만, 적합한 변수를 변수의 통계적 특성을 고려해서 선정한다면 회귀분석의 정확도를 높일 수 있다. 가장 간단한 변수 선택 방법은 모두선택이다. 모두선택은 보유하고 있는 모든 변수를 독립변수로 결정하여 회귀식을 만드는 방법이다. 범주형 자료도 factor( )를 이용해서 추가해주면 독립변수로 활용할 수 있기 때문에, 수치형 변수인 수질 측정항목 외에도 계절과 지역을 추가해서 모두선택에 활용할 변수로 활용하였다. 모두선택으로 만든

회귀모형을 summary( )를 이용해서 세부 내용을 확인해보자. DO, TN, Temperature, conductivity의 수치형 변수들은 $\Pr(>|t|)$ 값이 0.05보다 크므로 귀무가설(회귀계수는 0이다)을 채택하므로, 회귀계수의 통계적 유의성이 없는 것으로 결론내릴 수 있다. 즉 회귀식의 설명력에 도움이 되지 않음을 알 수 있다. 범주형 변수인 계절과 지역에서는 각각 여름과 춘천에서 유의한 의미를 가짐을 알 수 있다. 이는 여름과 춘천의 범주형 변수에서는 회귀식을 만들 경우, 절편에서 각각 −2.234726과 −1.601553을 추가하여 계산을 해야 한다는 의미이다. 그밖에 결정계수와 수정결정계수가 각각 0.5312, 0.515로 나타났으며, F 통계량의 p-value가 0.05보다 현저히 낮으므로 모형의 통계적 유의성이 있는 것으로 나타났다.

```
Console C/R/ i/O                                                              _ □ □
>
> null=lm(Chla~1, lake)
> full=lm(Chla~pH+DO+COD+SS+TN+TP+TOC+Temperature+Conductivity+factor(Season)+factor(Location), lake)
> summary(full)

Call:
lm(formula = Chla ~ pH + DO + COD + SS + TN + TP + TOC + Temperature +
    Conductivity + factor(Season) + factor(Location), data = lake)

Residuals:
    Min      1Q  Median      3Q     Max
-17.914  -2.473  -0.302   1.611  35.319

Coefficients:
                         Estimate Std. Error t value Pr(>|t|)
(Intercept)            -28.129944   4.579827  -6.142 2.07e-09 ***
pH                       3.233453   0.623205   5.188 3.48e-07 ***
DO                       0.110111   0.115754   0.951  0.34209
COD                      4.133247   0.566181   7.300 1.73e-12 ***
SS                       0.324805   0.114709   2.832  0.00488 **
TN                       0.563214   0.551967   1.020  0.30821
TP                      85.826951  37.119290   2.312  0.02131 *
TOC                     -4.188986   0.878847  -4.766 2.68e-06 ***
Temperature              0.029173   0.060693   0.481  0.63103
Conductivity            -0.003324   0.005052  -0.658  0.51092
factor(Season)Spring    -0.768440   0.713812  -1.077  0.28238
factor(Season)Summer    -2.234726   0.751449  -2.974  0.00313 **
factor(Location)원주     -0.125303   0.839148  -0.149  0.88138
factor(Location)춘천     -1.601553   0.803078  -1.994  0.04684 *
---
Signif. codes:  0 '***' 0.001 '**' 0.01 '*' 0.05 '.' 0.1 ' ' 1

Residual standard error: 4.951 on 376 degrees of freedom
Multiple R-squared:  0.5312,    Adjusted R-squared:  0.515
F-statistic: 32.77 on 13 and 376 DF,  p-value: < 2.2e-16
```

그림 6.9 모두선택을 이용한 회귀모형의 세부 내용

모두선택과 달리 통계적으로 변수를 선택하는 전진선택, 후진제거, 단계선택은 step( ) 함수를 이용해서 분석한다. 세 과정 모두 축소모형과 모두선택으로 결정된 모형이 분석할 때 사용되므로 미리 만들어두어야 한다. 변수를 선택하기 위해서는 세 선택 과정 모두선택이 진행되면서 AIC 값이 제일 작은 모형의 변수들을 선택하며, 최종적으로 세 모형의 수정

결정계수와 F 통계량 값을 비교하여 최적 회귀모형이 결정된다.

전진선택은 step(null, scope=list(lower=null, upper=full), direction="forward")를 수행하여 변수를 선택할 수 있다. scope는 탐색할 모형의 범위를 결정하는 옵션으로써, 축소 모형(null)부터 모두선택 모형(full)까지의 범위로 지정하여 수행하였다. direction은 변수 선택 과정에 따라 "forward", "backward", "both(단계선택)"를 선택할 수 있다. 전진 선택 함수를 실행하면, Chla~1의 회귀식일 때 AIC 값이 1530.88이고 독립변수들이 추가(+)가 될 때마다 AIC 값이 변화되는 것을 확인할 수 있다. 변수가 추가되었을 경우 AIC 값이 최소가 되는 순서대로 변수들이 정렬되어 있으며, (none) 이후의 변수들은 추가했을 경우 AIC 값이 1530.88보다 크기 때문에 회귀식에 포함되기 어려움을 알 수 있다. SS를 추가했을 경우 AIC 값이 최소가 되므로 다음 과정에서 Chla~SS 회귀식(AIC 값 : 1363.29)에 독립변수에 따른 새로운 AIC 값들이 정렬되어 있음을 확인할 수 있다. 변수 추가 과정이 반복되고 최종적으로 Chla~SS+COD+pH+COD+TOC+factor(Season)+TP+factor(Location)이 최종 회귀식으로 선정됨을

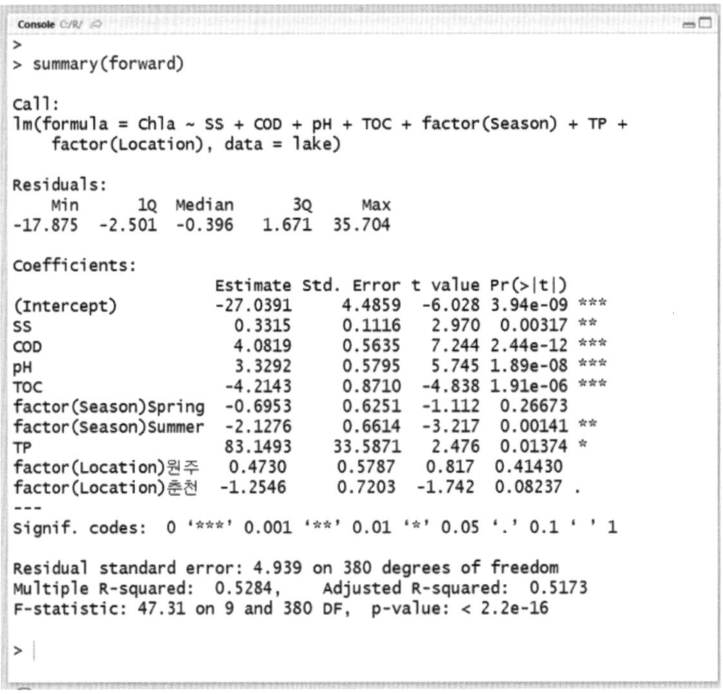

```
Console C/R/ ⟲                                                    ▭ ▢
>
> summary(forward)

Call:
lm(formula = Chla ~ SS + COD + pH + TOC + factor(Season) + TP +
    factor(Location), data = lake)

Residuals:
    Min      1Q  Median      3Q     Max
-17.875  -2.501  -0.396   1.671  35.704

Coefficients:
                        Estimate Std. Error t value Pr(>|t|)
(Intercept)            -27.0391     4.4859   -6.028 3.94e-09 ***
SS                       0.3315     0.1116    2.970  0.00317 **
COD                      4.0819     0.5635    7.244 2.44e-12 ***
pH                       3.3292     0.5795    5.745 1.89e-08 ***
TOC                     -4.2143     0.8710   -4.838 1.91e-06 ***
factor(Season)Spring    -0.6953     0.6251   -1.112  0.26673
factor(Season)Summer    -2.1276     0.6614   -3.217  0.00141 **
TP                      83.1493    33.5871    2.476  0.01374 *
factor(Location)원주      0.4730     0.5787    0.817  0.41430
factor(Location)춘천     -1.2546     0.7203   -1.742  0.08237 .
---
Signif. codes:  0 '***' 0.001 '**' 0.01 '*' 0.05 '.' 0.1 ' ' 1

Residual standard error: 4.939 on 380 degrees of freedom
Multiple R-squared:  0.5284,     Adjusted R-squared:  0.5173
F-statistic: 47.31 on 9 and 380 DF,  p-value: < 2.2e-16

> |
```

그림 6.10 전방선택에 의한 회귀모형 요약

확인할 수 있다. summary(전진선택 모형)를 확인한 결과, 선택된 변수들이 통계적으로 유의하며 수정결정계수가 0.5179와 F 통계량의 p-value 0.05보다 적음을 결론지었다.

```
Console C:/R/ ...
>
> forward=step(null, scope=list(lower=null, upper=full), direction="fo
rward")
Start:  AIC=1530.88
Chla ~ 1

                 Df Sum of Sq    RSS    AIC
+ SS              1     6932.5  12727  1363.3
+ TP              1     6890.8  12769  1364.6
+ COD             1     6120.5  13539  1387.4
+ TOC             1     3898.8  15761  1446.7
+ pH              1     2033.5  17627  1490.3
+ Conductivity    1     1195.8  18464  1508.4
+ factor(Location) 2    1150.2  18510  1511.4
+ Temperature     1      773.4  18887  1517.2
+ factor(Season)  2      494.8  19165  1524.9
<none>                          19660  1530.9
+ TN              1       64.2  19596  1531.6
+ DO              1       34.9  19625  1532.2

Step:  AIC=1363.29
Chla ~ SS

                 Df Sum of Sq    RSS    AIC
+ COD             1    1333.21  11394  1322.1
+ pH              1     750.08  11977  1341.6
+ TP              1     640.50  12087  1345.2
+ TOC             1     595.31  12132  1346.6
+ factor(Location) 2   469.59  12258  1352.6
+ Conductivity    1     202.95  12524  1359.0
<none>                          12727  1363.3
+ factor(Season)  2     127.57  12600  1363.4
+ DO              1      42.79  12685  1364.0
+ Temperature     1      16.74  12711  1364.8
+ TN              1       1.01  12726  1365.3
```

```
Console C:/R/ ...
Step:  AIC=1262.45
Chla ~ SS + COD + pH + TOC + factor(Season)

                 Df Sum of Sq    RSS    AIC
+ TP              1     172.456  9406.3  1257.4
+ factor(Location) 2   158.183  9420.6  1260.0
+ TN              1      56.908  9521.9  1262.1
<none>                          9578.8  1262.5
+ Temperature     1       8.963  9569.8  1264.1
+ Conductivity    1       6.494  9572.3  1264.2
+ DO              1       4.160  9574.6  1264.3

Step:  AIC=1257.37
Chla ~ SS + COD + pH + TOC + factor(Season) + TP

                 Df Sum of Sq    RSS    AIC
+ factor(Location) 2   135.254  9271.1  1255.7
<none>                          9406.3  1257.4
+ TN              1      29.049  9377.3  1258.2
+ DO              1      19.390  9386.9  1258.6
+ Conductivity    1       4.433  9401.9  1259.2
+ Temperature     1       0.050  9406.3  1259.4

Step:  AIC=1255.72
Chla ~ SS + COD + pH + TOC + factor(Season) + TP + factor(Location)

                 Df Sum of Sq    RSS    AIC
<none>                          9271.1  1255.7
+ TN              1      16.9123  9254.2  1257.0
+ DO              1      15.1671  9255.9  1257.1
+ Conductivity    1      10.1640  9260.9  1257.3
+ Temperature     1       1.7145  9269.4  1257.7
>
```

그림 6.11 전방선택에 의한 변수 선택 과정

후진제거는 모두선택 모형에서 변수를 제거하면서 변수를 선택하는 과정이므로 step(full, direction="backward") 함수를 이용하면 변수를 선택할 수 있다. 최초의 모형은 Chla~pH+DO+COD+SS+TN+TP+Temperature+Conductivity+factor(Season)+factor(Location)이며 AIC 값은 1261.44를 가진다. 변수를 제거(−)하면서 AIC 값이 작아지는 순으로 정렬되어 있고, 제거 과정이 반복하면서 Chla~pH+COD+SS+TP+TOC+factor(Season)+factor(Location)가 회귀모형으로 결정되었다. 전진선택과 같은 변수가 선택되었으며 AIC 값도 같음을 확인할 수 있다. summary( )에서 확인하는 모형 요약도 전진선택과 유사한 결과를 확보하였다.

```
Console C:/R/ ⌂                                                            ▭□
>
> summary(backward)

Call:
lm(formula = Chla ~ pH + COD + SS + TP + TOC + factor(Season) +
    factor(Location), data = lake)

Residuals:
    Min      1Q  Median      3Q     Max
-17.875  -2.501  -0.396   1.671  35.704

Coefficients:
                      Estimate Std. Error t value Pr(>|t|)
(Intercept)           -27.0391     4.4859  -6.028 3.94e-09 ***
pH                      3.3292     0.5795   5.745 1.89e-08 ***
COD                     4.0819     0.5635   7.244 2.44e-12 ***
SS                      0.3315     0.1116   2.970  0.00317 **
TP                     83.1493    33.5871   2.476  0.01374 *
TOC                    -4.2143     0.8710  -4.838 1.91e-06 ***
factor(Season)Spring   -0.6953     0.6251  -1.112  0.26673
factor(Season)Summer   -2.1276     0.6614  -3.217  0.00141 **
factor(Location)원주     0.4730     0.5787   0.817  0.41430
factor(Location)춘천    -1.2546     0.7203  -1.742  0.08237 .
---
Signif. codes:  0 '***' 0.001 '**' 0.01 '*' 0.05 '.' 0.1 ' ' 1

Residual standard error: 4.939 on 380 degrees of freedom
Multiple R-squared:  0.5284,    Adjusted R-squared:  0.5173
F-statistic: 47.31 on 9 and 380 DF,  p-value: < 2.2e-16

>
```

그림 6.12 후진선택에 의한 회귀모형 요약

```
Console C:/R/ ⟳
>
> backward=step(full, direction="backward")
Start:  AIC=1261.44
Chla ~ pH + DO + COD + SS + TN + TP + TOC + Temperature + Conductivity
 +
    factor(Season) + factor(Location)

                 Df Sum of Sq     RSS     AIC
- Temperature     1      5.66  9222.7 1259.7
- Conductivity    1     10.61  9227.7 1259.9
- DO              1     22.18  9239.2 1260.4
- TN              1     25.52  9242.6 1260.5
<none>                         9217.1 1261.4
- factor(Location) 2   125.49  9342.5 1262.7
- TP              1    131.05  9348.1 1265.0
- factor(Season)  2   224.65  9441.7 1266.8
- SS              1    196.54  9413.6 1267.7
- TOC             1    556.92  9774.0 1282.3
- pH              1    659.90  9877.0 1286.4
- COD             1   1306.40 10523.5 1311.1

Step:  AIC=1259.68
Chla ~ pH + DO + COD + SS + TN + TP + TOC + Conductivity + factor(Seas
on) +
    factor(Location)

                 Df Sum of Sq     RSS     AIC
- Conductivity    1     10.54  9233.3 1258.1
- DO              1     18.15  9240.9 1258.5
- TN              1     25.36  9248.1 1258.8
<none>                         9222.7 1259.7
- factor(Location) 2   121.77  9344.5 1260.8
- TP              1    144.39  9367.1 1263.7
- factor(Season)  2   227.43  9450.2 1265.2
- SS              1    191.61  9414.3 1265.7
- TOC             1    552.23  9775.0 1280.4
- pH              1    700.89  9923.6 1286.2
- COD             1   1302.39 10525.1 1309.2
```

```
Console C:/R/ ⟳
Step:  AIC=1257.01
Chla ~ pH + COD + SS + TN + TP + TOC + factor(Season) + factor(Locatio
n)

                 Df Sum of Sq     RSS     AIC
- TN              1     16.91  9271.1 1255.7
<none>                         9254.2 1257.0
- factor(Location) 2   123.12  9377.3 1258.2
- TP              1    121.68  9375.8 1260.1
- factor(Season)  2   266.65  9520.8 1264.1
- SS              1    224.35  9478.5 1264.3
- TOC             1    547.47  9801.6 1277.4
- pH              1    810.68 10064.8 1287.8
- COD             1   1283.35 10537.5 1305.7

Step:  AIC=1255.72
Chla ~ pH + COD + SS + TP + TOC + factor(Season) + factor(Location)

                 Df Sum of Sq     RSS     AIC
<none>                         9271.1 1255.7
- factor(Location) 2   135.25  9406.3 1257.4
- TP              1    149.53  9420.6 1260.0
- factor(Season)  2   254.14  9525.2 1262.3
- SS              1    215.21  9486.3 1262.7
- TOC             1    571.15  9842.2 1277.0
- pH              1    805.16 10076.2 1286.2
- COD             1   1280.33 10551.4 1304.2
>
```

그림 6.13 후진제거에 의한 변수 선택 과정

단계선택은 전진선택 과정을 기반으로 후진제거가 포함된 변수 선택 과정으로써 step (null, scope=list(upper=full) direction="both") 함수를 이용하면 변수를 선택할 수 있다. 최초의 모형은 Chla~1이며 AIC 값은 1530.88을 가진다. 과정마다의 결괏값은 변수를 추가(+)와 제거(−)를 반복하면서 AIC 값이 작아지는 순으로 정렬되어 있고, 최종적으로 전진선택과 후진제거와의 결과가 같음을 확인할 수 있다. 전진선택, 후진제거, 단계선택의 결과가 유사할 수도 있지만 다를 수도 있기 때문에 언제나 선택된 변수와 summary( )를 통해 비교평가가 필요하다.

```
Console C/R/ ⇄                                                        ⊟□
>
> summary(both)

Call:
lm(formula = Chla ~ SS + COD + pH + TOC + factor(Season) + TP +
    factor(Location), data = lake)

Residuals:
    Min      1Q   Median      3Q      Max
-17.875  -2.501   -0.396   1.671   35.704

Coefficients:
                        Estimate Std. Error t value Pr(>|t|)
(Intercept)             -27.0391     4.4859  -6.028 3.94e-09 ***
SS                        0.3315     0.1116   2.970 0.00317  **
COD                       4.0819     0.5635   7.244 2.44e-12 ***
pH                        3.3292     0.5795   5.745 1.89e-08 ***
TOC                      -4.2143     0.8710  -4.838 1.91e-06 ***
factor(Season)Spring     -0.6953     0.6251  -1.112 0.26673
factor(Season)Summer     -2.1276     0.6614  -3.217 0.00141  **
TP                       83.1493    33.5871   2.476 0.01374  *
factor(Location)원주       0.4730     0.5787   0.817 0.41430
factor(Location)춘천      -1.2546     0.7203  -1.742 0.08237  .
---
Signif. codes:  0 '***' 0.001 '**' 0.01 '*' 0.05 '.' 0.1 ' ' 1

Residual standard error: 4.939 on 380 degrees of freedom
Multiple R-squared: 0.5284,    Adjusted R-squared: 0.5173
F-statistic: 47.31 on 9 and 380 DF,  p-value: < 2.2e-16

> |
```

그림 6.14 단계선택에 의한 회귀모형 요약

```
Console C:/R/ ⇔                                                          ─□
>
> both=step(null, scope=list(upper=full), direction="both")
Start:  AIC=1530.88
Chla ~ 1

                  Df Sum of Sq   RSS    AIC
+ SS               1    6932.5 12727 1363.3
+ TP               1    6890.8 12769 1364.6
+ COD              1    6120.5 13539 1387.4
+ TOC              1    3898.8 15761 1446.7
+ pH               1    2033.5 17627 1490.3
+ Conductivity     1    1195.8 18464 1508.4
+ factor(Location) 2    1150.2 18510 1511.4
+ Temperature      1     773.4 18887 1517.2
+ factor(Season)   2     494.8 19165 1524.9
<none>                         19660 1530.9
+ TN               1      64.2 19596 1531.6
+ DO               1      34.9 19625 1532.2

Step:  AIC=1363.29
Chla ~ SS

                  Df Sum of Sq   RSS    AIC
+ COD              1    1333.2 11394 1322.1
+ pH               1     750.1 11977 1341.6
+ TP               1     640.5 12087 1345.2
+ TOC              1     595.3 12132 1346.6
+ factor(Location) 2     469.6 12258 1352.6
+ Conductivity     1     203.0 12524 1359.0
<none>                         12727 1363.3
+ factor(Season)   2     127.6 12600 1363.4
+ DO               1      42.8 12685 1364.0
+ Temperature      1      16.7 12711 1364.8
+ TN               1       1.0 12726 1365.3
- SS               1    6932.5 19660 1530.9
```

```
Console C:/R/ ⇔                                                          ─□
Step:  AIC=1257.37
Chla ~ SS + COD + pH + TOC + factor(Season) + TP

                  Df Sum of Sq    RSS    AIC
+ factor(Location) 2    135.25  9271.1 1255.7
<none>                          9406.3 1257.4
+ TN               1     29.05  9377.3 1258.2
+ DO               1     19.39  9386.9 1258.6
+ Conductivity     1      4.43  9401.9 1259.2
+ Temperature      1      0.05  9406.3 1259.4
- TP               1    172.46  9578.8 1262.5
- SS               1    213.10  9619.4 1264.1
- factor(Season)   2    287.08  9693.4 1265.1
- TOC              1    613.54 10019.9 1280.0
- pH               1    948.01 10354.3 1292.8
- COD              1   1353.56 10759.9 1307.8

Step:  AIC=1255.72
Chla ~ SS + COD + pH + TOC + factor(Season) + TP + factor(Location)

                  Df Sum of Sq    RSS    AIC
<none>                          9271.1 1255.7
+ TN               1     16.91  9254.2 1257.0
+ DO               1     15.17  9255.9 1257.1
+ Conductivity     1     10.16  9260.9 1257.3
- factor(Location) 2    135.25  9406.3 1257.4
+ Temperature      1      1.71  9269.4 1257.7
- TP               1    149.53  9420.6 1260.0
- factor(Season)   2    254.14  9525.2 1262.3
- SS               1    215.21  9486.3 1262.7
- TOC              1    571.15  9842.2 1277.0
- pH               1    805.16 10076.2 1286.2
- COD              1   1280.33 10551.4 1304.2
> |
```

그림 6.15 단계선택에 의한 변수 선택 과정

변수들이 최종적으로 선택되면 회귀모형을 이루고 있는 변수들의 다중공선성을 반드시 평가해야 한다. 회귀분석에서는 독립변수들 간에 높은 선형관계가 존재하면 회귀계수의 추정과 검정이 쓸모없게 된다. HH 패키지에서 제공하는 vif( ) 함수를 이용하여 분산확대인자(variance inflation factor) 계산을 하면 각 변수들의 다중공선성 여부를 평가할 수 있다. VIF 값이 5 혹은 10보다 크면 다중공선성이 있다고 판단한다. COD와 TOC가 VIF 값이 10 내외이므로 다중공선성이 존재한다고 판단되어 회귀모형 작성 시 두 변수 혹은 둘 중 하나의 변수를 제거하는 과정이 필요하다.

```
Console  C/R/

>
> library(HH)
> vif(both)
              SS                COD                      pH
        3.368256          10.460653                1.118382
             TOC factor(Season)Spring factor(Season)Summer
        9.145929           1.454908                1.324427
              TP factor(Location)원주 factor(Location)춘천
        3.483802           1.243320                1.248511
> |
```

그림 6.16 다중공선성 평가

6.3.4 다중회귀분석 및 예측

최종 회귀모형에서 다중공선성이 발견되었으므로 다중공선성이 존재했던 변수인 TOC와 COD의 선택에 따른 회귀모형을 평가해야 한다. 다음의 함수와 같이 COD와 TOC만 포함되어 있는 회귀모형과 두 변수가 빠진 회귀모형을 비교평가한 결과 COD만이 포함된 회귀모형이 수정결정계수에 의해 가장 설명력이 높다고 결과가 나왔다. vif( ), outlierTest( ), plot( ), predict( ) 함수를 통해서 단순회귀분석에서의 모형평가와 동일한 방법으로 모형을 평가 수행한다.

model.cod＝lm(Chla~pH＋COD＋TP＋SS＋factor(Location)＋factor(Season), lake)

model.toc＝lm(Chla~pH＋TOC＋TP＋SS＋factor(Location)＋factor(Season), lake) model.both＝lm(Chla~pH＋TP＋SS＋factor(Location)＋factor(Season), lake)

summary(model.cod) #Adjusted R-squared : 0.4889

summary(model.toc) #Adjusted R-squared : 0.452

summary(model.both) #Adjusted R-squared : 0.4302

vif(model.cod)

outlierTest(model.cod)

plot(model.cod)

```
Console C/R/ ⟳                                                              ▭▢
>
> new=data.frame(pH=c(5,6,7), COD=c(5,10,15), TP=c(0.05,0.1,0.15), SS=c(1,2,5),
+              Location=c("원주","강릉","춘천"), Season=c("Summer","Summer","Summer"))
> newdata
  pH COD   TP SS Location Season
1  5   5 0.05  1     원주 Summer
2  6  10 0.10  2     강릉 Summer
3  7  15 0.15  5     춘천 Summer
> predict(model.cod, newdata)
         1         2         3
 1.320729 16.981670 32.181115
> |
```

그림 6.17 최종 회귀모형을 이용한 예측

6.4 시각화

단순회귀분석을 시각화하는 방법은 5장에서 다루었던 상관분석의 시각화 방법과 유사하기 때문에 다중회귀분석에 활용될 수 있는 그래프를 소개하고자 한다.

ggplot을 이용하여 회귀모형에 활용된 독립변수와 종속변수들의 선형관계를 동시에 표현할 수 있다. 먼저 다중회귀분석의 회귀모형에 활용된 수치형 독립변수들인 pH, COD, SS, TP와 종속변수인 Chla의 행을 선택해서 자료를 추출하였다. 추출한 자료는 melt( )를 이용하여 독립변수를 제외하고 모두 variable에 입력한다. 다음과 같은 ggplot( )의 함수로 독립변수별 종속변수의 선형관계를 그래프로 나타낼 수 있다.

기존에 다루지 않았던 시각화 방법에 대해서 간단히 짚고 넘어가겠다.

1. geom_jitter( ) : geom_point( )와 유사. 자료의 분포를 표기
2. facet_wrap(scale = "") : x축 혹은 y축의 범위 다를 때 free_x 혹은 free_y를 통해 변수별로 다르게 지정 가능
3. colnames( ) : 행의 이름을 바꾸는 함수. 추출된 자료의 행의 이름이 복잡하여 사용

또한 회귀모형에서 계산된 적합한 값과 기존의 측정값의 차이를 비교하기 위해서 다음과 같은 그래프도 그릴 수 있다. 회귀모형에 포함되는 모든 독립변수를 추출한다. 추출된 변수들을 회귀모형(model.cod)을 계산된 적합한 값의 결과를 data.frame( )을 이용하여 표로 작성한다. 측정값(lake.o)과 적합한 값(lake.p)을 cbind( )를 이용하여 합친 다음, ggplot을 이용하여 다음과 같은 그래프를 그린다.

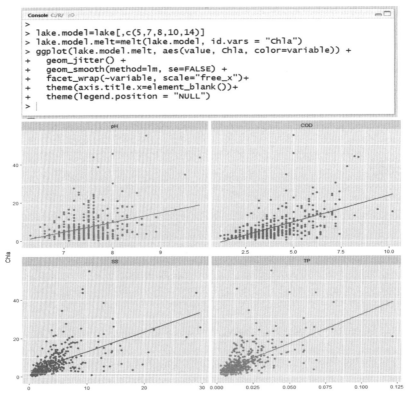

그림 6.18 다중회귀분석에 활용된 독립변수와 종속변수(컬러 도판 p.148 참조)

```
> 
> lake.model2=lake[,c(1,4,5,7,8,10,14)]
> lake.o=lake[,14]
> lake.p=data.frame(predict(model.cod, lake.model2))
> lake.op=cbind(lake.o, lake.p)
> colnames(lake.op)=c("ob","ex")
> ggplot(lake.op, aes(x=ob, y=ex)) + geom_point(size=2) + geom_smooth(method=lm)+
+   labs(x="Measured value", y="Fitted value") +
+   geom_text(x=40, y=30, label="y=0.4994x + 3.6177")
> 
> lm(lake.op$ex~lake.op$ob, lake)

Call:
lm(formula = lake.op$ex ~ lake.op$ob, data = lake)

Coefficients:
(Intercept)   lake.op$ob
     3.6177       0.4994

> 
```

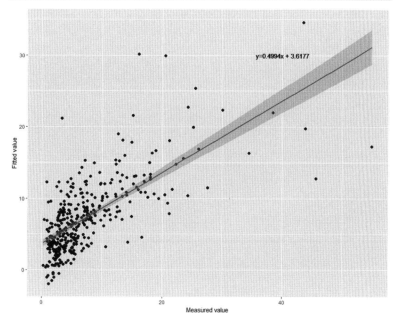

그림 6.19 측정값과 적합한 값의 선형관계

지역·계절별로 **수질**의 **특성**을 **비교**할 수 있을까? (클러스터링 & 집단 비교)

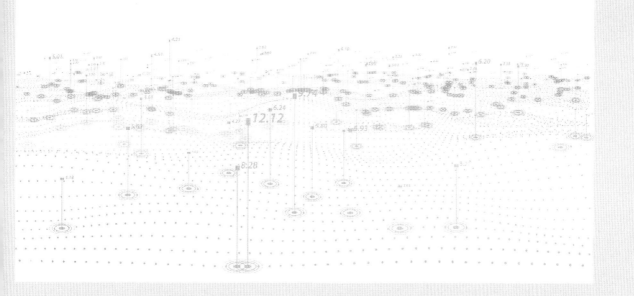

CHAPTER 07 지역·계절별로 수질의 특성을 비교할 수 있을까? (클러스터링 & 집단 비교)

7.1 목적 설정하기

수질의 특성을 단순히 하나의 수질 항목으로 나타낼 수 있을까? 예를 들면 우리나라 하천의 총유기탄소(TOC)의 농도가 2 mg/L 이상인 지역과 그렇지 않은 지역으로 분류하는 것이 어떤 의미가 있을까? 이토록 한 지역 혹은 계절의 수질의 특성은 단순히 하나의 수질 항목으로 비교하기에는 한계가 있다. lake.csv 파일에서만 다루고 있는 수질항목만 해도 10개인데, 현장의 필요에 따라 측정하고 있는 항목은 더 많기 때문에 다수의 수질 항목의 특성을 고려한 수질의 특성을 파악하는 분석법이 필요하다. 쉽게 생각해보면 '유사한 특성을 지닌 자료를 묶어 그룹으로 분류한 다음, 분류된 그룹의 특성을 파악할 수 있을까'라고 접근할 수 있다. 다음의 질문으로 분석을 시작해보자.

1. 지역과 계절별로 내포된 수질의 특성을 찾을 수 있을까?
2. 찾을 수 있다면 수질의 특성에 따라 지역·계절별로 차이를 밝힐 수 있을까?

1의 경우에는 다수의 수질 항목에서 지역과 계절마다의 고유 특성을 찾게 되면 해당 특성에 따른 물 관리 방안을 마련할 수 있고, 2의 경우에는 차이를 정량적으로 평가하는 것을 목적으로 하고 있다. 그럼 어떻게 분석하면 될까?

7.2 분석 방법 이론

7.2.1 군집(clustering)

군집분석(clustering analysis)은 군집의 개수, 내용, 구조 등이 완전히 알려지지 않은 자료로부터 구조 혹은 특성을 찾아내고 통계적 특성이 서로 다른 군집으로 분리하거나 군집들 간의 관계를 분석하는 방법을 말한다. 유사성이 많은 결괏값을 모음으로써 군집 내 결괏값의 동질성을 극대화하고 서로 다른 군집 상호 간에는 그 차이를 극대화시킴으로써 자발적인 군집화를 유도한다. 특정한 가설을 세우지 않고 숨겨진 특성을 찾는 것을 목적으로 두다 보니 탐색적 통계 분석 방법이라고도 한다. 자료의 유사성(similarity) 혹은 근접성(proximity)에서 계산된 거리(distance)를 이용하여 군집화를 하기 때문에, 군집분석 방법에 따라 그 결과가 상이할 수 있다. 분류(classification)와 혼동하는 경우가 있어 그림 7.1에 정리해보았다. 가장 큰 차이점은 군집분석은 자료로부터 자료의 특성을 찾는 것이 목적이고 분류분석은 제작한 모형을 토대로 자료를 나누는 것을 목적으로 한다.

<table>
<tr><td align="center">군집(clustering)</td><td align="center">분류(classification)</td></tr>
<tr><td align="center"></td><td align="center">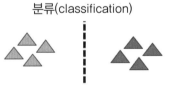</td></tr>
</table>

• Unsupervisedlearning
• Identify structure in data set(No target attribute)
• Group data into clusters based on similarity
• No label
• Clustering & Dimensionality reduction(e.g. K-means, PCA, MDS)

• Supervisedlearning(training date)
• Discover patterns in the data sets by generating a "Rule" or "Formula" to predict labels of novel or unseen date set
• Make labels for some points
• Regression(linear,polynomial) & Decision trees & Random Forest

그림 7.1 군집과 분류의 차이(컬러 도판 p.149 참조)

군집분석 방법에는 계층적(hierarchical) 방법과 비계층적(non-hierarchical) 방법이 있다. 계층적 방법은 유사한 두 개의 자료를 하나의 군집으로 묶으며 이를 모든 자료가 하나의 군집으로 묶일 때까지 반복하여 군집화 과정에서 여러 개의 내포된 군집(nested clusters)을 만드는 방법이다. 비계층적 방법은 연구자에 의해 군집의 개수를 미리 규정하여 결괏값을 초기 군집에 할당하여 최적 분리에 이를 때까지 재할당하는 방법으로서 초기에 부적절한 군집화가 일어났을 때 회복될 수 없는 계층적 방법의 한계를 개선할 수 있다.

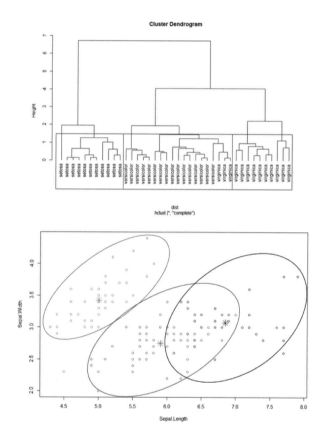

그림 7.2 계층적 및 비계층적 군집 분석 방법 예시

7.2.2 군집분석 단계

R에서 다양한 패키지와 함수로 군집분석을 수행할 수 있지만, 군집분석을 수행하기 전

에 분석 단계에 대해서 숙지하고 있으면 군집분석을 위한 자료준비나 분석 이후의 해석에 큰 도움이 될 것이다. 군집분석 단계를 요약하면 다음과 같다.

표 7.1 군집분석 단계 요약

순서	분석	내용
1	자료 수집	• 군집화에 중요하다고 판단되는 변수를 선택 • 아무리 복잡하고 철저하게 군집분석을 하더라도 잘못 선택한 변수를 극복할 수 없음
2	자료 표준화	• 분석에 사용되는 변수들의 범위에 따라 군집결과 상이 • 일반적으로 변수를 평균 0, 표준편차 1로 표준화
3	이상치 선별	• 군집분석은 이상치에 민감하여 결과가 왜곡 가능 • 필요시 이상치 제거를 위한 R 함수 활용
4	거리/유사도 계산	• 거리계산 방법 : euclidena, manhattan, canberra, bray, jaccard 등 다수 존재
5	군집 알고리즘 선택	• 계층적, 비계층적, 차원 축소 • 하나 이상의 방법을 사용해보고 비교 평가
6	분석 결과의 시각화	• 계층적 분석 : Dendrogram • 비계층적 분석 및 차원 축소 분석 : 2/3차원 그래프
7	결과 해석	• 군집의 특성은 무엇인가? • 다른 군집과 어떤 차별점을 가지고 있는가?

7.2.3 k-means 군집분석

대표적인 비계층적 방법에는 k-means가 있다. k-means 방법은 다량의 자료를 k개의 군집으로 나눌 수 있는 모든 방법을 점검하여 한 자료가 속했던 군집에서 다른 군집으로 이동하는 재배치(relocation)를 반복하여 최적의 군집을 찾는 방법이다. 초기 k값에 의존하기 때문에 경험적으로 최적 k값을 찾아야 한다. k-means 방법을 조금 더 자세하게 설명하자면 다음과 같은 방법으로 군집화를 한다.

1. k개의 군집 중심의 초기 k값을 결정
2. 각 자료와 결정한 k개 군집의 중심과의 거리를 계산해서 가장 가까운 군집으로 분류
3. 군집의 중심을 재계산
4. 군집의 중심이 변하지 않을 때까지 2와 3을 반복

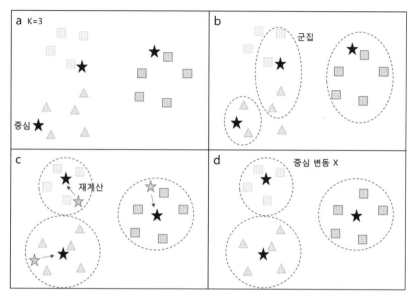

그림 7.3 k-means의 군집화 방법(컬러 도판 p.149 참조)

7.2.4 차원축소 분석

차원축소(Dimensionality reduction) 방법을 기반으로 한 주성분분석(PCA, Principal component analysis)과 다차원척도법(MDS, Multidimensional scaling)을 이용해서 군집 분석을 수행하기도 한다. 고차원의 함수를 2개의 차원으로 요약하여 60~90% 설명 가능하다면 자료의 구조를 쉽게 이해할 수 있다.

주성분분석은 상관관계가 있는 변수들을 선형결합하여 변수를 축약하는 방법이다. 즉 자료의 분포에서 가변성(variability)이 큰 방향의 벡터(주성분 : Principal component, PC)에 자료를 정사영함으로써 자료의 구조를 바꾸지 않으면서 차원을 감소하여 시각화가 가능하다. 변수의 개수에 따라 n개의 주성분이 결정되며 첫 번째 주성분(PC1)이 자료의 가변성을 많이 설명 가능하며, 두 번째 주성분(PC2)은 첫 번째 주성분에 설명하지 못한 부분을 보완하는 형식으로 분석된다. 시각화할 때 주성분의 설명력을 x축과 y축에 같이 표기하여 주성분분석에 따른 자료의 누적 설명력을 확인할 수 있다.

다차원척도법은 자료들 사이의 유사성/비유사성을 측정하여 2차원 또는 3차원 공간상에 시각화하여 자료에 잠재되어 있는 구조를 찾아내는 방법으로써, 상대적인 거리를 높이기 위하여 적합도 정도를 스트레스 값(stress value)으로 나타낸다. 최종적으로 스트레스를 최소화할 수 있는 최적화 함수를 계산하는 최적화 과정이 포함되어 있어 분석이 상대적으로 용이하다. 참고로 스트레스 값의 크기가 0.05보다 작으면 차원축소로 자료에 대한 설명이 매우 우수함을 알 수 있고, 0.1, 0.2, 0.3 순으로 각각 우수(great), 보통(good/ok), 미흡(poor)으로 이해하면 된다. 다차원척도법의 장점은 거리 계산에 필요한 자료 표준화에 대한 민감도(sensitivity)에 따른 오류가 상대적으로 적어 다양한 변수를 활용 가능하다. 다차원 척도법 중 비모수 다차원척도법(non-metric MDS) 방법의 경우에는 정규분포를 이루지 않는 변수들의 측정값의 rank order 값을 분석에 사용하기 때문에 다양한 자료를 대상으로 분석이 가능하다. 다차원척도법의 적용 순서는 차원수 결정(대개 2차원으로 결정), 자료의 초기 배열에 대한 회귀거리 측정, 회귀분석으로부터 추정된 값과의 불일치도(stress 계산), 스트레스가 가장 작은 회귀거리 재계산, 시각화, 자료 해석의 순으로 진행된다.

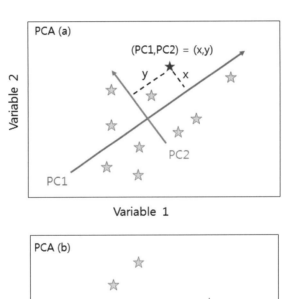

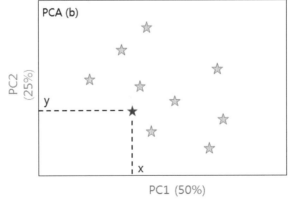

그림 7.4 주성분분석

7.3 자료 분석

7.3.1 k-means(kmeans, scale, NbClust)

이번 분석에서는 자료의 모든 변수를 사용하지 않고, lake 자료에서 TN, TOC, Conductivity의 자료만 추출해서 lake.e에 할당한 값을 입력 자료로 활용하겠다.

k-means 분석은 자료의 거리를 계산해서 사용되기 때문에 각 변수 간의 범위 차이가 결과에 큰 영향을 미친다. 입력 자료를 표준화하기 위하여 scale( ) 함수를 사용한다. scale( ) 함수의 옵션 center는 변수의 평균을 각각의 자료에서 빼준다는 의미이며, 옵션 scale은 각각의 자료를 표준편차로 나누어준다는 의미이다. 즉, scale(자료, center=TRUE, scale=TRUE) 함수를 통해 제곱평균제곱근(Root mean square) 계산으로 자료를 표준화한다는 의미이다. k-means 분석은 kmeans(표준화된 자료, center=k, iter.max=숫자) 함수를 이용하여 분석한다. 옵션 centers는 군집의 개수 k값을 의미하며, iter.max는 최대 계산 반복(iteration) 횟수를 의미한다. 이미 lake 자료의 범주형 자료인 지역과 계절이 각각 3개로 구성되어 있기 때문에 해당 분석에서는 3개의 군집(centers=3)으로 분석해보자. kmeans( ) 함수로 분석된 결과는 cluster 변수에 각 자료마다 1, 2, 3으로 군집된 것을 확인할 수 있다(lake.kmeans$cluster로 확인 가능). 1, 2, 3 각 숫자는 각 자료의 TN, TOC, Conductivity 변수의 특성에 따라 1번 군집, 2번 군집, 3번 군집을 나타낸다.

3개의 변수를 추출한 자료(lake.e)에 군집의 정보를 붙인 다음, 기존의 지역과 계절의 결과를 기준으로 잘 군집화가 되었는지 table( )을 통해 확인할 수 있다. 가을(Fall)에 측정된 자료는 총 147자료이며, 이 자료들은 각각 1번, 2번, 3번 군집에 70, 43, 34개로 군집화가 된 것을 알 수 있다. 가을뿐만 아니라 봄과 여름 자료 모두 자료들이 우점해서 군집화가 되어 있지 않은 것으로 보아 3개의 변수의 특성으로는 계절을 구분하기 어렵다는 것을 알 수 있다. 지역을 기준으로 군집화 결과를 확인한 결과, 강릉은 1번 군집, 원주는 3번 군집에 각각 104개의 자료가 우점해서 군집이 되는 것으로 보아 3개의 변수를 이용하면 상대적으로 계절보다는 지역을 군집화하는 데 용이하다고 판단할 수 있다. 하지만 환경자료 특성상 변수들의 특성으로 특정 군집으로 분류를 완벽하게 하는 것은 어렵다는 것을 알 수 있다.

```
Console  C:/Home/Yonsei/외부 봉사/2017_환경자료분석 책/  ⇦               ▭ ▱
>
> lake.e=lake[,c(9,11,13)]
> lake.es=scale(lake.e, center=TRUE, scale=TRUE)
> head(lake.es)
              TN         TOC Conductivity
[1,] -0.26390620 -1.5749450   0.04298782
[2,]  0.55437243 -0.1949146  -0.93814087
[3,] -0.99372228 -1.3449400   0.24954123
[4,] -0.67304552 -1.1149349   0.21511567
[5,] -0.39107112 -1.8049501  -0.11192723
[6,]  0.03465492 -1.1149349   0.92083981
>
> lake.kmeans=kmeans(lake.es, centers=3, iter.max=1000)
>
> lake.e$cluster=as.factor(lake.kmeans$cluster)
> table(lake$Season, lake.e$cluster)

          1  2  3
  Fall   70 43 34
  Spring 59 10 75
  Summer 38 27 34
> table(lake$Location, lake.e$cluster)

         1   2   3
  강릉  104  50  21
  원주   20  19 104
  춘천   43  11  18
>
```

그림 7.5 k-means 분석

lake 자료의 경우 계절과 지역이 각각 3개의 군집으로 존재하는 것을 알고 있기 때문에 k값을 3으로 지정하여 k-means 분석을 수행하였지만, 적절한 k값을 모를 경우에는 어떻게 해야 할까? 물론 실험자가 k값을 인위적으로 바꾸는 작업을 반복하면서 적절한 k값을 찾을 수도 있지만 NbClust 패키지를 활용하면 조금 더 쉽게 최적 k값을 도출할 수 있다. Nbclust( ) 함수는 최소 군집(min.nc)과 최대 군집(max.nc)의 개수를 지정해주고, kmeans으로 계산하게 되면 최적 k값을 추천해준다. 3개의 변수를 이용하였을 경우 3개의 군집을 중심으로 분석하는 것이 적당하다는 결론을 얻게 되었다.

```
library(Nbclust)

nc=NbClust(lake.es, min.nc=2, max.nc=15, method="kmeans")

par(mfrow=c(1,1))

barplot(table(nc$Best.n[1,]), main="Number of Clusters Chosen",
        xlab="Number of Clusters", ylab="Number of Criteria")
```

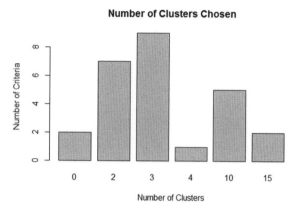

그림 7.6 Nbclust 패키지를 이용한 최적 k값 도출

7.3.2 PCA 분석(prcomp, sample)

PCA 분석은 prcomp( ) 함수를 활용하여 분석하며, 주요 옵션에는 "retx", "center", "scale."가 있다. "retx"는 변수축 회전 여부, "center"는 평균이 0인 원점 설정, "scale."는 측정값의 단위가 다를 때 분산이 1인 표준화할 때 사용한다. 별도의 표준화 작업이 필요 없고, 옵션을 통해 표준화 작업을 수행할 수 있다. 차원 축소방법에 대한 이해를 돕기 위해서 표본 추출 함수 sample( )와 예측함수 predict( )를 같이 사용해서 분석해보자. 실제 PCA 분석은 예측을 위한 분석이 아닌 군집분석이므로 표본 추출 과정 없이 모든 자료를 입력하여 군집의 특성을 분석하면 되지만 개념의 이해를 위해 나누어서 분석해보자.

본격적으로 PCA 분석을 수행하기 앞서 lake 자료를 표본 추출함수 sample( )을 이용해서 일부의 자료를 추출한다. 표본 추출은 전체 자료(모집단 : population) 중 일부의 표본 (샘플 : sample)으로 추출하는 기법이다. 표본을 추출해서 분석하는 이유는 모든 자료를 만족하는 알고리즘 혹은 모형을 개발하는 것은 불가능하다. 자료가 많을수록 실제적인 자료의 특징(signal) 외에도 우연히 자료에 포함된 노이즈(noise)까지 반영된 모형(과적합 모형 : overfiiting model)을 만들게 될 수 있으므로 설명력 혹은 예측력이 떨어질 수밖에 없다. 그래서 대개 자료의 훈련자료(training data)를 전체 자료의 80%로 수행하여 모형을 제작하고, 테스트 자료(test data)로 모형의 성능을 평가한다. lake의 자료를 각각 80%, 20% 의 훈련자료와 테스트 자료로 표본 추출해보자.

sample( ) 함수는 자료범위, 표본 추출 개수(size), replace로 구성되어 있다. 자료범위는 nrow(lake)를 통해 열의 개수를 입력하고, 그중에 80%를 추출하는 방법으로 자료를 추출하였다. 예를 들면 1부터 10까지의 자료 범위에서 8개의 숫자를 추출한다는 의미이다. 추출된 열의 변호가 결정되면, 각각 [ ]을 이용해서 열의 범위를 지정하여 훈련자료와 테스트 자료를 추출하면 된다. 그 결과 총 390개의 자료의 80%인 312개의 자료가 훈련자료로, 78개의 자료가 테스트 자료로 추출된 것을 확인할 수 있다.

```
Console C:/R/
>
> random = sample(nrow(lake), nrow(lake)*0.8, replace=FALSE)
>
> lake.train = lake[random, ]
> lake.test = lake[-random, ]
>
> dim(lake.train)
[1] 312  14
> dim(lake.test)
[1] 78 14
>
  |
```

그림 7.7 sample( ) 함수를 이용한 표본 추출

훈련자료(lake.train)를 이용해서 PCA 분석을 수행해보자. PCA 분석을 prcomp( ) 함수의 입력 자료는 반드시 수치형 자료이고, 측정값의 단위나 범위가 다를 경우에는 반드시 표준화 작업을 필요로 한다. 이번 분석에서는 COD, SS, TN, TP, TOC만을 대상으로 PCA 분석을 수행하였으며, center=T, scale.=T를 옵션으로 취하면서 표준화를 동시에 수행하였다. summary( ) 함수를 이용해서 PCA 분석 요약 통계량을 보게 되면, 각 주성분 PC1, PC2, PC3 등의 기여율(proportion of variance)과 누적 기여율(cumulative proportion)을 확인할 수 있다. 기여율이란 분석 대상의 자료가 가지고 있는 정보가 주성분에 의해 어느 정도 설명 가능한지에 대한 대략적인 크기를 말한다. 예를 들면 주성분 PC1과 PC2는 각각 59.17%와 22.56%의 기여율로 자료를 설명하며, PC1과 PC2를 동시에 활용할 경우 81.74% 누적 기여율로 자료를 설명 가능하다. 2개의 주성분으로 80% 이상 설명 가능하다는 것은 상당히 높은 수치라 할 수 있다. names( ) 함수를 사용하면 PCA에 포함되어 있는 변수들

을 확인할 수 있다. "rotation"은 주성분에 대한 각 변수의 참여도를 나타낸다. PCA 분석 결과를 그대로 출력하게 되면 rotation 값에 대한 구체적인 정보를 확인할 수 있다. 주성분 PC1에 COD가 0.5231, SS가 0.4842, TN이 0.0274의 참여도를 보이는 것을 알 수 있다. 이는 PC1=0.5231*COD+0.4842*SS+0.0274*TN+0.4959*TP+0.4950*TOC의 선형식을 가진다고 해석하면 되며, 이렇게 계산된 PC1 값은 "x"로 나타나게 된다. 즉 "x"는 측정값들을 변수들의 참여도로 구성된 선형 함수의 계산값으로 나타낸 값으로써 그래프로 표현되는 점의 좌표를 나타낸다.

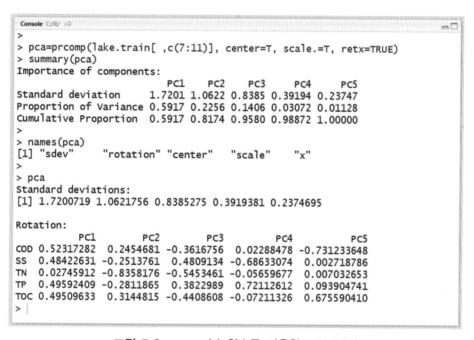

```
Console C:/R/
>
> pca=prcomp(lake.train[ ,c(7:11)], center=T, scale.=T, retx=TRUE)
> summary(pca)
Importance of components:
                          PC1    PC2    PC3     PC4     PC5
Standard deviation     1.7201 1.0622 0.8385 0.39194 0.23747
Proportion of Variance 0.5917 0.2256 0.1406 0.03072 0.01128
Cumulative Proportion  0.5917 0.8174 0.9580 0.98872 1.00000
>
> names(pca)
[1] "sdev"     "rotation" "center"   "scale"    "x"
>
> pca
Standard deviations:
[1] 1.7200719 1.0621756 0.8385275 0.3919381 0.2374695

Rotation:
          PC1         PC2         PC3         PC4          PC5
COD 0.52317282  0.2454681 -0.3616756  0.02288478 -0.731233648
SS  0.48422631 -0.2513761  0.4809134 -0.68633074  0.002718786
TN  0.02745912 -0.8358176 -0.5453461 -0.05659677  0.007032653
TP  0.49592409 -0.2811865  0.3822989  0.72112612  0.093904741
TOC 0.49509633  0.3144815 -0.4408608 -0.07211326  0.675590410
> |
```

그림 7.8 prcomp( ) 함수를 이용한 PCA 분석

PCA 분석 결과인 pca를 회귀모형으로 사용하고, 테스트 자료를 입력 자료로 predict( ) 함수를 이용해서 모형의 예측력을 평가해보자. plot( ) 함수를 이용해서 훈련자료를 주성분 PC1과 PC2를 각각 x축과 y축으로 나타낸 결과, 지역별로 뚜렷이 구분되어 군집화가 되지는 않으나 지역별(강릉 : 붉은색, 원주 : 녹색, 춘천 : 파란색)으로 계층화되어서 나타나는 것을 확인할 수 있다. 즉 5개의 수질 자료의 특성에 따라 특정 자료를 제외(이상치 가능성 높음)하고는 지역별로 차이를 볼 수 있음을 확인할 수 있다. 특히 그래프상 강릉과 원주의

자료들의 밀집 지역은 눈으로 구분이 가능할 정도로 수질의 특성이 다르다. PCA 분석에서 제작한 회귀모형을 대상으로 테스트 자료를 입력한 경우, 대부분 지역별 자료들이 밀집한 지역에 위치한 것으로 보아 회귀모형이 군집화에 적절한 모형으로 판단할 수 있다.

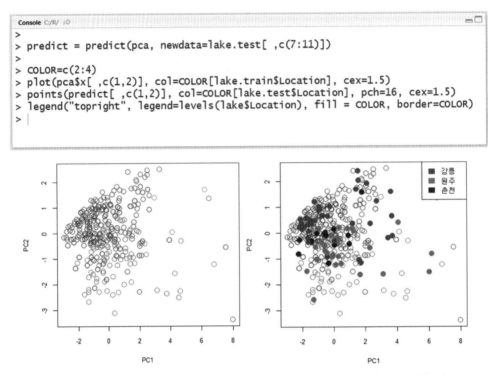

```
Console C:/R/
>
> predict = predict(pca, newdata=lake.test[ ,c(7:11)])
>
> COLOR=c(2:4)
> plot(pca$x[ ,c(1,2)], col=COLOR[lake.train$Location], cex=1.5)
> points(predict[ ,c(1,2)], col=COLOR[lake.test$Location], pch=16, cex=1.5)
> legend("topright", legend=levels(lake$Location), fill = COLOR, border=COLOR)
> |
```

그림 7.9 predict( )를 이용한 PCA 분석 결과 평가(컬러 도판 p.150 참조)

7.3.3 NMDS 분석(metaMDS)

NMDS 분석(다차원척도법)은 stat, smacof, vegan, ecodist, labdsv 등의 R 패키지에 다양한 함수로 분석이 가능하나, 본 서에서는 vegan 패키지에서 사용하는 metaMDS( ) 함수를 이용해서 분석하겠다. metaMDS( )의 변수는 다음의 표 7.2에 정리하였다.

표 7.2 metaMDS( ) 함수의 옵션

옵션	의미	예시
k	최종 차원 수	k=2, 2차원으로 축소 분석
distance	거리 계산 방법	distance="bray", "euclidean"
trymax	반복 계산 횟수	trymax=50, 최적 stress 값을 위한 최대 50번 계산
engine	사용 함수	monoMDS : vegan 패키지, isoMDS : MASS 패키지
autotransform	표준화	autotransform=TRUE

PCA 분석과 마찬가지로 5개의 수질항목 변수만을 선택해서 훈련자료를 이용해서 NMDS 분석을 수행하였다. Bray-Curtis 거리 계산 방식으로 자료 간의 거리를 계산하였으며, 2차원으로 줄여 자료를 해석하기 위해 k=2로 설정하였다. 또한 trymax를 50으로 설정하여 최적 스트레스 값을 반복 계산을 수행하였으나, 20번의 계산만으로도 최적 스트레스 값을 가진 NMDS 분석 결과를 얻게 되었다.

```
Console C/R/
>
> library(vegan)
> nmds = metaMDS(lake.train[,7:11], k=2, distance="bray", traymax=50,
+                engine="monoMDS", autotransform=TRUE)
Wisconsin double standardization
Run 0 stress 0.06606448
Run 1 stress 0.1415627
Run 2 stress 0.1497769
Run 3 stress 0.1417241
Run 4 stress 0.1074907
Run 5 stress 0.1576983
Run 6 stress 0.1210082
Run 7 stress 0.1200847
Run 8 stress 0.1284828
Run 9 stress 0.1477575
Run 10 stress 0.1603609
Run 11 stress 0.1233395
Run 12 stress 0.1374219
Run 13 stress 0.4183109
Run 14 stress 0.1566977
Run 15 stress 0.1450737
Run 16 stress 0.1417825
Run 17 stress 0.06606451
... Procrustes: rmse 3.351723e-05   max resid 0.0003592665
... Similar to previous best
Run 18 stress 0.1229465
Run 19 stress 0.1177532
Run 20 stress 0.113707
*** Solution reached
>
```

그림 7.10 metaMDS( ) 함수를 이용한 NMDS 분석

분석된 NMDS 분석의 결괏값을 출력하면 최적 스트레스 값이 0.06606448이 나왔음을 확인할 수 있다. 스트레스 값이 0.1 이하이므로 축소된 차원에서 매우 우수하게 자료를 설명할 수 있다고 판단할 수 있다. stressplot( ) 함수를 사용하게 되면 파란색 점(scatter)들이 붉은 선에 위치한 것으로 보아 자료의 최초의 차이가 감소된 차원에서 보존되지 않는 것을 알 수 있다. 이는 NMDS 분석이 제대로 수행됨을 의미한다.

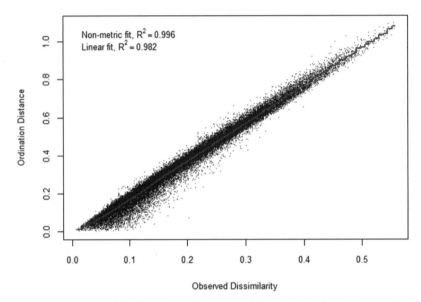

그림 7.11 stressplot( ) 함수를 활용한 NMDS 분석 평가(컬러 도판 p.150 참조)

plot( ) 함수를 이용해서 NMDS 분석 결과를 보게 되면 비록 이상치들이 다수 존재하기는 하지만 강릉과 원주의 군집은 상대적으로 분리되어 존재하는 것을 확인할 수 있다. 단 춘천의 자료들은 강릉과 원주의 군집 지역에 널리 퍼져서 군집화가 집중적으로 이루어지 않아 다른 지역과 구분이 어렵다. 계절별로는 어떻게 군집 특성이 달라지는지 개인적으로 직접 연습해보자.

```
>
> COLOR=c(2:4)
> plot(nmds, type="n")
> points(nmds, display="sites", col=COLOR[lake.train$Location])
> legend("topright", legend=levels(lake.train$Location), fill = COL
OR, border=COLOR)
>
>
```

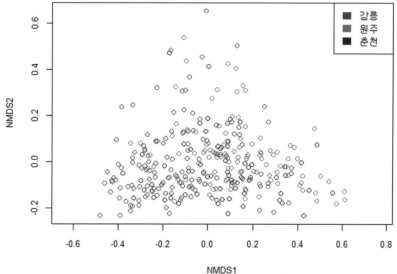

그림 7.12 MDS 분석 결과 그래프로 나타내기(컬러 도판 p.151 참조)

7.3.4 집단 비교 : Are group significant different?(adonis, anosim)

환경자료와 같이 복잡한 특성을 보이는 자료를 차원축소 분석하여 분석할 경우 군집화
가 뚜렷이 안 되는 경우가 대다수다. 이상치를 제외하더라도 일부 자료들이 다른 범주형
자료들과 겹치는 현상을 쉽게 발견할 수 있다. 그러면 범주형 자료 간 차이가 없다고 말할
수밖에 없을까? 다량의 변수로 이루어진 자료도 각각 자료끼리의 거리를 계산해서 자료가
포함된 그룹 간의 거리와 다른 그룹과의 거리 차이를 비교해서 범주형 자료들의 차이를 설
명할 수 있다. 그 방법에는 Permutational multivariate analysis of variance(PERANOVA)
와 Analysis of Group Similarities(ANOSIM)이 존재한다. 세 방법 모두 공통적으로 비교
할 범주형 자료와 수치형 자료를 분리해서 분석을 수행해야 한다.

PERANOVA 분석은 비모수 분석방법으로써 ANOVA 분석법과 유사하며 범주형 자료 간의 거리를 이용해서 계산하는 방법이다. vegan 패키지에서 제공하는 adonis( ) 함수를 이용하면 쉽게 분석할 수 있다. adonis( ) 함수는 비교하고자 하는 변수 간의 관계를 수식으로 나타내야 하며, 거리계산 방법과 반복 계산 횟수를 입력해야 한다. 5개의 수질항목 변수들의 계절별 지역별 차이를 보기 위해서는 각각 measurement~location, measurement~season으로 나타내면 된다. adonis( ) 함수는 ANOSIM( ) 함수와 달리 2개의 범주형 자료들의 상호작용 효과까지 분석할 수 있다. 상호작용 효과를 나타낸 결과를 PERANOVA 분석을 대표적으로 본다면 5개의 수질항목 변수에 따른 계절별 지역별 차이는 주 효과와 상호효과 모두 R2 값이 상당히 작기 때문에 계절과 지역에 따라 수질의 차이는 크지 않다고 결론지을 수 있다. 단 주 효과는 p-value가 0.05보다 작기 때문에 통계적으로 유의하나, 상호효과는 p-value가 0.05보다 크기 통계적으로 유의하지 않다는 차이가 있다.

```
Console C:/R/ ⇨

>
> measurement = as.matrix(lake[, 7:11])
> location = as.factor(lake[,1])
> season = as.factor(lake[,4])
>
> #adonis(measurement~location, distance="bray", permutation=999)
> #adonis(measurement~season, distance="bray", permutation=999)
> adonis(measurement~season*location, distance="bray", permutation=999)

Call:
adonis(formula = measurement ~ season * location, permutations = 999,        distance = "bray")

Permutation: free
Number of permutations: 999

Terms added sequentially (first to last)

                Df SumsOfSqs MeanSqs F.Model    R2 Pr(>F)
season           2   1.8668 0.93339 22.3937 0.09299  0.001 ***
location         2   2.1069 1.05343 25.2736 0.10495  0.001 ***
season:location  4   0.2199 0.05497  1.3189 0.01095  0.212
Residuals      381  15.8804 0.04168         0.79110
Total          389  20.0740                 1.00000
---
Signif. codes:  0 '***' 0.001 '**' 0.01 '*' 0.05 '.' 0.1 ' ' 1
> |
```

그림 7.13 adonis( ) 함수를 이용한 PERANOVA 분석

ANOSIM 분석도 PERANOVA와 같이 비모수 통계 분석 방법으로써 자료의 계층 차이 (ranked dissimilarity) 값을 이용해서 범주형 자료 간의 차이를 분석하는 방법이다. anosim( ) 함수를 이용해서 분석하며 입력하는 자료는 PERANOVA와 같다. R2값 대신 R 값이 표기가 되며, p-value 값이 significant으로 표기된다. R 값은 범주형 자료 간 차이

의 정도를 나타내는 척도로써 1에 가까울수록 범주형 자료 간 차이에 미치는 정도가 크다는 의미이다. PERANOVA 결과와 마찬가지로 R 값이 매우 작기 때문에 지역과 계절이란 범주형 변수에 따라 수질의 특성은 크게 차이가 없으며, 이러한 특성은 통계적으로도 유의하다는 결론을 significance 결과로 확인할 수 있다.

```
Console C:/R/ ⌂

>
> anosim(dat=lake[, 7:11], grouping=lake$Location, distance="bray", permutation=999)

Call:
anosim(dat = lake[, 7:11], grouping = lake$Location, permutations = 999,        distance = "bray")
Dissimilarity: bray

ANOSIM statistic R: 0.1003
       Significance: 0.001

Permutation: free
Number of permutations: 999

> anosim(dat=lake[, 7:11], grouping=lake$Season, distance="bray", permutation=999)

Call:
anosim(dat = lake[, 7:11], grouping = lake$Season, permutations = 999,        distance = "bray")
Dissimilarity: bray

ANOSIM statistic R: 0.06221
       Significance: 0.001

Permutation: free
Number of permutations: 999

> |
```

그림 7.14 anosim( ) 함수를 이용한 ANOSIM 분석

7.4 시각화

NMDS 분석으로 군집화된 자료를 ggplot( )으로 그래프 그리는 방법과 영향력 있는 변수들을 벡터로 표기하는 방법을 소개하고자 한다. NMDS 분석에서 계산된 2차원의 각 축의 좌표를 추출하려면 scores( ) 함수를 이용하면 된다. 그래프상에서 표기하고자 하는 범주형 자료는 $표시를 이용해서 변수로 덧붙일 수 있으며, 필요시 as.factor( ) 함수를 이용해서 범주형 자료로 입력할 수 있다. NMDS 분석 결과를 (0,0)축을 기준으로 설명하기 위하여 geom_hline( )과 geom_vline( )을 이용해서 점선을 추가하였다.

```
Console C/R/  ▷
>
> #nmds = metaMDS(lake[,7:11], k=2, distance="bray", trymax=50,
>                   engine="monoMDS", autotransform=TRUE)
Error: unexpected ',' in "                   engine="monoMDS","
>
> nmds.new = as.data.frame(scores(nmds, display="sites"))
> nmds.new$Location = as.factor(lake$Location)
> nmds.new$Season = as.factor(lake$Season)
> head(nmds.new)
          NMDS1       NMDS2 Location Season
1 -0.26595758  0.08480879      강릉 Spring
2 -0.07237050 -0.28636845      강릉 Spring
3  0.06935262  0.08539184      강릉 Spring
4 -0.02313114  0.15839116      강릉 Spring
5 -0.36336440  0.16795315      강릉 Spring
6 -0.23230327  0.20744171      강릉 Spring
>
> ggplot(data=nmds.new, aes(x=NMDS1, y=NMDS2, color=Location)) +
+   geom_hline(yintercept=0, lty="dashed")+
+   geom_vline(xintercept=0, lty="dashed")+
+   geom_point(size=3) +
+   scale_colour_manual(values=c("강릉"="red", "원주"="blue", "춘천"="green"))+
+   theme_bw()+
+   theme(panel.grid.major = element_blank(), panel.grid.minor = element_blank())
```

그림 7.15 ggplot( )을 이용한 NMDS 분석 결과 그래프(컬러 도판 p.152 참조)

군집의 범위를 보다 확실히 표기하기 위해서 면으로 표기하는 방법도 있다. chull( ) 함수를 활용하면 군집의 자료 중에 가장 외곽에 위치해 있는 자료를 선택적으로 추출 가능하며, geom_polygon( )을 활용하면 면으로 표기 가능하다.

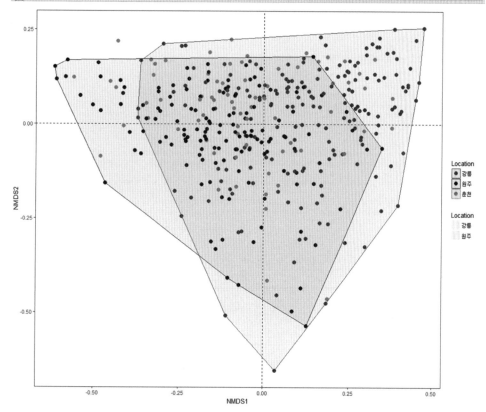

```
Console  C:/Home/Yonsei/외부 봉사/2017_환경자료분석 책/  ≈>
>
> location.w=nmds.new[nmds.new$Location=="원주",][chull(nmds.new[nmds.new$Location=="원주",c("NMDS1","NMDS2")]),]
> location.g=nmds.new[nmds.new$Location=="강릉",][chull(nmds.new[nmds.new$Location=="강릉",c("NMDS1","NMDS2")]),]
>
> nmds.new.2=rbind(location.w, location.g)
>
> ggplot(data=nmds.new, aes(x=NMDS1, y=NMDS2, color=Location)) +
+   geom_hline(yintercept=0, lty="dashed")+
+   geom_vline(xintercept=0, lty="dashed")+
+   geom_point(size=3) +
+   geom_polygon(data=nmds.new.2, aes(fill=Location, group=Location), alpha=0.1)+
+   scale_colour_manual(values=c("강릉"="red", "원주"="blue", "춘천"="green"))+
+   theme_bw()+
+   theme(panel.grid.major = element_blank(), panel.grid.minor = element_blank())
>
```

그림 7.16 군집을 면적으로 표기하는 그래프 표기법(컬러 도판 p.153 참조)

vegan 패키지에서 제공하는 envfit( ) 함수는 NMDS 분석 결과에서 각각의 변수가 미치는 영향의 통계적 유의성 결과와 좌표를 제공한다. 획득한 좌표는 geom_segment( )와 geom_text( )를 이용하여 (0, 0)을 기준으로 영향력을 벡터로 표기가 가능하다. 벡터의 방향은 변수가 자료 분포에 미치는 방향이며, 벡터의 크기는 벡터가 자료 분포에 미치는 영향력을 의미한다.

```
Console  C:/Home/Yonsei/외부 봉사/2017_환경자료분석 책/  ⇔                                    ▭▢
>
> vec=envfit(nmds, lake[,5:14], perm=999)
> vec

***VECTORS

               NMDS1     NMDS2     r2  Pr(>r)
pH           0.01910  -0.99982  0.0816  0.001 ***
DO          -0.08041   0.99676  0.0134  0.066 .
COD          0.74156  -0.67088  0.3630  0.001 ***
SS           0.11482  -0.99339  0.7717  0.001 ***
TN          -0.98164  -0.19072  0.6903  0.001 ***
TP           0.11837  -0.99297  0.6608  0.001 ***
TOC          0.85354  -0.52102  0.3546  0.001 ***
Temperature  0.50184  -0.86496  0.1344  0.001 ***
Conductivity 0.00454  -0.99999  0.1286  0.001 ***
chla         0.20221  -0.97934  0.3004  0.001 ***
---
Signif. codes:  0 '***' 0.001 '**' 0.01 '*' 0.05 '.' 0.1 ' ' 1
Permutation: free
Number of permutations: 999


> arrow=as.data.frame(scores(vec, display="vectors"))
> arrow=cbind(arrow, variable=rownames(arrow))
> ggplot(data=nmds.new, aes(x=NMDS1, y=NMDS2)) +
+   geom_hline(yintercept=0, lty="dashed")+
+   geom_vline(xintercept=0, lty="dashed")+
+   geom_point(aes(color=Location), size=3)+
+   geom_segment(data=arrow, aes(x=0, y=0, xend=NMDS1, yend=NMDS2),
+                 arrow=arrow(length=unit(0.25,"cm")),colour="black")+
+   geom_text(data=arrow, aes(x=NMDS1, y=NMDS2, label=variable))+
+   theme_bw()+
+   theme(panel.grid.major = element_blank(), panel.grid.minor = element_blank())
> |
```

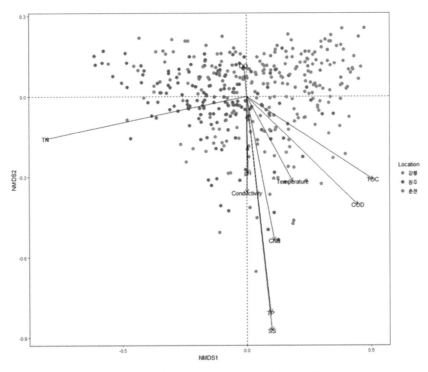

그림 7.17 변수를 벡터로 표기하는 그래프(컬러 도판 p.154 참조)

머신러닝이 **환경자료**를 만난다면?
(의사결정나무 & 랜덤포레스트)

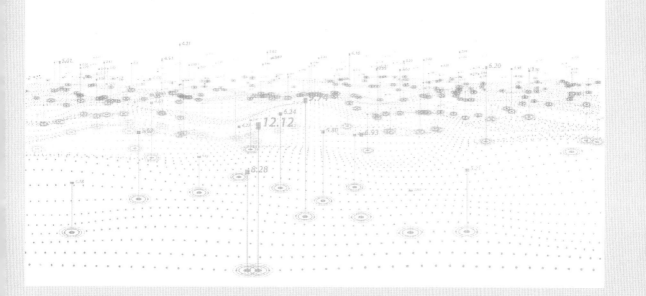

CHAPTER 08 머신러닝이 환경자료를 만난다면? (의사결정나무 & 랜덤포레스트)

8.1 목적 설정하기

최근 자동수질 측정기기와 센서들의 발달로 현장의 환경자료를 사무실에서 직접 받을 수 있는 작업 환경이 조성되면서 시료에 대한 측정 주기가 예전보다 짧아졌다. 예전에는 한 달에 한 번 측정하던 환경 시료가 현재에는 시간 단위 혹은 실시간 수준으로 측정할 수 있어 환경자료의 양이 폭발적으로 증가하게 되었다. 측정 빈도가 증가한다는 것은 환경 분야에서 오랫동안 문제시되었던 시료 채취의 대표성(주 1회 혹은 월 1회의 빈도가 시료의 변동성을 충분히 해석할 수 있을지에 대한 의문)의 문제가 사라지면서 그동안 인지 못했던 환경의 새로운 특성을 알 수 있는 가능성 높아짐을 의미한다. 또한 환경자료의 양이 빅데이터 수준으로 증가하면서 환경자료의 분석 방법에 머신러닝 기법을 적용한 사례가 증가함에 따라 가까운 미래에는 그 적용범위가 확대되어 환경 전 분야에 활용될 것으로 예측되고 있다. 본 서에서도 아주 간단한 질문을 통해 머신러닝을 어떻게 환경자료에 활용하는지 이해해보고자 한다.

1. 수질 특성을 기준으로 지역을 분류할 수 있을까?

2. 분류 가능하다면 지역별 분류에 가장 영향력 있는 수질 특성은 무엇인가?

1의 경우 수질 특성으로 모형을 만들어 범주형 변수인 지역을 예측하는 과정이고, 2의 경우에는 범주형 변수를 예측하기 위한 수질 특성의 중요도를 찾는 목적을 가지고 있다. 기본적으로 머신러닝은 큰 관점에서 보면 분류 분석의 한 방법으로써 회귀분석(종속변수 : 수치형 변수)과 달리 종속변수를 범주형 자료(지역, 계절 등)를 사용하여 학습된 모형을 통해 자료를 구분한다. 그럼 어떻게 분석하면 될까?

8.2 분석 방법 이론

8.2.1 분류 분석(Classification Analysis)

분류 분석은 범주(Class)가 알려진 과거 자료로부터 범주를 결정할 수 있는 특성을 찾아내어 분류 모형 및 규칙을 찾아내며, 이를 바탕으로 알려지지 않은 새로운 자료에 적용하여 범주를 예측하는 분석 방법이다. 예를 들어 기존의 수질 자료(수치형 자료)와 수질 등급(범주형 자료)을 토대로 분류 모형을 제작하고 새로운 시료의 수질 자료를 모형에 입력하여 수질 등급을 결정할 수 있다. 예측을 한다는 점에서는 회귀분석과 유사하지만, 회귀분석은 수치형 자료 혹은 연속형 속성을 가진 자료를 종속변수로 예측하지만, 분류분석은 범주형 변수를 종속변수로 둔다는 점에서 다르다.

분류 분석은 1) 자료의 정제, 2) 자료의 분할, 3) 분류 모델의 구축, 4) 타당성 검토, 5) 분류 모델 적용의 5단계를 거쳐 진행이 된다.

1) 분류 분석은 분석 알고리즘에 따라 자료의 노이즈와 결측값에 대해 매우 민감하다보니 불필요한 자료를 정리하는 과정이 필요하다.

2) 정제된 자료를 훈련 자료(전체 자료의 70~80%)와 테스트 자료(20~30%) 분할하여 각각 분류 모델을 만드는 자료와 적용할 자료로 사용하게 된다. 전체 자료의 70~

80%를 선정하는 이유는 앞서 7장에서 이야기했듯이 일부 자료의 특이성 혹은 노이즈에 의해 발생할 수 있는 분류 모델의 과적합성(overfitting)을 방지하기 위해서이다. 과적합성이란 분류 모델이 학습한 자료에 지나치게 최적화되어 일반화가 되지 못하여, 학습한 자료에 대해서는 잘 예측하지만 새로운 자료에 대해서는 예측력이 떨어지는 특성을 말한다.

3) 분류 모델은 훈련 자료 내 분류하고자 하는 범주(class)형 자료와 다른 자료들의 속성과의 관계를 설명하는 모델을 구축하는 것이다. 이러한 모델은 분류 규칙 혹은 수학식들로 표현된다.

4)-5) 이렇게 구축한 분류 모델에 테스트 자료를 적용하여 모델의 예측 정확도 등을 평가하여 모델의 타당성을 검토하고, 타당한 모델일 경우 새로운 자료를 적용하여 분류 모델을 수행하게 된다.

분류 기법에는 의사결정나무(Decision Tree), 베이지안 분류(Bayesian Classification), 인공신경망(Artificial Neural Network), 서포트 벡터 머신(Support Vector Machine), 랜덤포레스트(Randomforest) 등이 존재하며 본 서에서는 R에서 쉽게 사용 가능한 의사결정나무와 랜덤포레스트를 다루도록 하겠다.

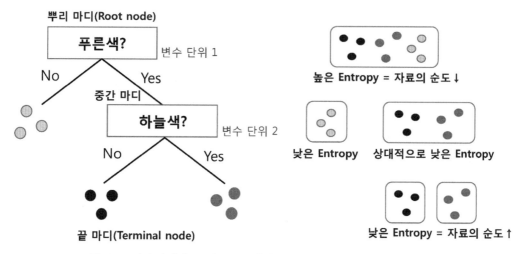

그림 8.1 의사결정나무 및 분류 결정 방법 예시(컬러 도판 p.155 참조)

8.2.2 의사결정나무(Decision Tree)

의사결정나무는 분류 모델을 의사결정 규칙으로 이루어진 나무구조로 도표화하여 분류와 예측을 수행하는 분석 방법이다. 결괏값으로 범주형 자료뿐만 아니라 수치형 자료도 다룰 수 있기 때문에 결괏값에 따라 회귀나무(Regression Tree) 혹은 분류나무(Classification Tree)라고 하기도 한다. 다른 분류 분석 방법들과 달리 나무구조에 의한 추론 규칙(induction rule)으로 표현되기 때문에 변수단위로 설명력을 보여주기 때문에 분류 결과를 이해하기가 매우 쉽다. 다만 의사결정나무는 나무구조 특성상 계층적 혹은 수직적이라서 비선형 자료를 대상으로 분석할 때 일반화 성능이 다소 떨어져 분류 모델이 과적합이 되기 쉬운 단점이 있다.

의사결정나무는 나무 생성(분리기준 결정) → 가지치기(분류 오류가 높은 가지 제거) → 타당성 평가(분류 모델의 성능 평가) → 예측(분류 모델에 새로운 자료 적용)의 순서로 진행된다. 가장 중요한 분리기준은 입력 변수의 순수도(purity : 목표 변수의 특정 범주들이 포함되어 있는 정도)의 증가 혹은 자료의 불확실성 지표인 엔트로피(entropy)가 최대한 감소하는 방향으로 진행되면서 의사결정나무의 각 마디(변수에 의한 분류)가 결정된다. 가지치기는 끝 마디의 순도가 100%인 나무를 생성 후(끝 마디에 다른 범주들이 섞여 있도록 나무의 가지 개수를 최대한 늘림), 적절한 수준에서 끝 마디를 결합해주는 작업을 의미한다. 끝 마디가 너무 많을 경우 분류 모델의 일반화 능력이 매우 떨어지므로 오분류율이 감소하는 방향으로 가지치기를 수행한다.

의사결정나무의 분류기준이나 가지치기는 의사결정나무를 분석 패키지에 따라 서로 다른 접근 방법을 보이고 있다. 의사결정나무 분석으로 잘 알려진 R 패키지는 "tree", "rpart", "party"이며, 각각 binary recursive partitioning, CART(classification and regression trees), Unbiased recursive partitioning based on permutation tests 알고리즘을 사용하고 있다. 또한 tree와 rpart의 경우 엔트로피와 지니계수를 기준으로 가지치기를 할 변수를 결정하기 때문에 과적합의 위험성이 존재하여 반드시 가지치기 과정이 필요한 반면, party의 경우 통계적 유의성(significance) 검정을 기준으로 변수를 결정하기 때문에 별도의 가지치기 과정이 필요 없다. 본 서에서는 rpart와 party 패키지를 이용한 의사결정나무 분석 방법을 배우고자 한다.

8.2.3 랜덤포레스트(RandomForest)

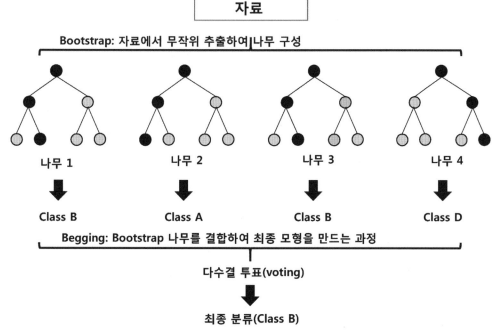

그림 8.2 랜덤포레스트 예시 및 Begging 과정

위에서 말한 것과 같이 의사결정나무는 수직적 혹은 계층적 분석 구조로 되어 있어 분류 모델의 과적합 확률이 높다. 이러한 과적합을 방지하기 위한 대표적인 방법에는 앙상블 기법을 적용한 랜덤포레스트가 있다. 랜덤포레스트는 의사결정나무를 이용해 만들어진 알고리즘으로써 학습과정에서 다수의 결정나무로부터 평균 예측치를 출력함으로써(각 마디 별로 결정된 변수의 중요도를 투표시켜 다수결 혹은 평균으로 특정 변수를 결정) 의사결정나무의 마디를 결정하여 분류하는 방법이다. 이러한 분석 방법을 앙상블 기법(ensemble learning)하며 분류 모델의 과적합 확률을 줄여 일반화 정도를 높이는 데 큰 도움이 된다. 또한 랜덤포레스트는 분류 모델을 구성하는 변수들의 상대적인 중요도를 측정하기 쉽다. 각 마디를 구성하는 변수가 범주형 자료의 불순도(impurity)를 얼마나 감소시키는지를 계산하여 각 변수마다 상대적 중요도를 측정하기 때문에 분류 모델에서의 변수 중요도를 정량적으로 비교할 수 있다.

랜덤포레스트에서의 나무 구성은 이름에서 드러나듯이 마디를 결정할 때 다수의 나무를 무작위(random)로 구성한 다음 적절한 결정과정을 통해 결정하게 되는데, 이러한 과정을 begging(bootstrap aggregating)이라고 한다. 기본적으로 각각의 나무는 작은 편향(bias)과 큰 분산(variance)을 가질 수밖에 없기 때문에 입력되는 훈련 자료에 따라 과적합이 발생하게 된다. 하지만 begging 과정을 통해 다수의 나무를 무작위로 구성하게 되면 나무들의 각각 편향은 유지되면서 분산은 감소되므로 전체적인 의사결정나무의 성능이 향상된다. 즉, 한 개의 나무는 자료의 노이즈에 매우 민감하지만, 다수의 나무의 평균은 노이즈에 대한 민감도가 적어지므로 begging 과정을 통해 과적합을 개선할 수 있다. 이 때문에 랜덤포레스트 분석을 수행할 때 마디별 구성되는 나무의 개수와 최대 허용 깊이(뿌리마디부터 끝마디까지 최대 노드 개수)가 매우 중요한 매개변수가 된다. 이에 대해서 자세하게 8.4절 자료분석에서 다루도록 하겠다. 마지막으로 최적의 의사결정나무를 결정할 때 가장 어려운 부분은 변수선택과 가지치기이지만, 랜덤포레스트에서는 begging 과정이 변수선택과 가지치기를 모두 동시에 수행하기 때문에 의사결정나무보다 쉽게 사용가능하다.

8.3 자료수집 및 가공

모든 자료를 사용하게 되면 분류 모델의 일반화가 어렵기 때문에 쉬운 예시 자료를 만들기 위하여 지역별로 수질자료의 편차가 심한 "여름과 가을" 그리고 "원주와 강릉" 자료를 subset( ) 함수로 추출해보자. 또한 분류 모델을 만들 때 혼란을 줄 수 있는 불필요한 범주형 자료(Year, Month, Season)를 삭제하는 법도 같이 배워 보자.

한 번에 두 가지 이상의 자료를 동시에 추출하기 위해서는 "│"(shift+₩)을 subset( )의 조건문에서 사용하면 된다. 즉, 계절이란 변수에서 여름과 가을이란 두 자료를 동시에 추출하기 위해서는 subset(lake, lake$Season=="Summer"│lake$Season=="Fall")이라고 작성하면 된다. 동일한 방법을 지역(원주, 강릉)에 적용하고 나서 자료의 크기를 dim( )으로 비교하면 390×14에서 206×14로 줄어들었음을 확인할 수 있다.

```
C:/Home/R/                                                                    🔍
>
> lake = read.csv("lake.csv")
> lake.s = subset(lake, lake$Season=="Summer"|lake$Season=="Fall")
> lake.s = subset(lake.s, lake.s$Location=="강릉"|lake.s$Location=="원주")
>
> dim(lake)
[1] 390  14
> dim(lake.s)
[1] 206  14
> table(lake.s$Location)

강릉 원주 춘천
 124  82   0

> lake.s=droplevels(lake.s)
> table(lake.s$Location)

강릉 원주
 124  82

> lake.s$Year=NULL
> lake.s$Month=NULL
> lake.s$Season=NULL
> head(lake.s)
    Location  pH  DO COD  SS    TN    TP TOC Temperature Conductivity Chla
145      강릉 7.8 7.7 4.6 2.2 1.082 0.020 3.0        22.5          232  6.6
146      강릉 6.6 9.0 3.8 2.3 0.671 0.012 1.7        15.7           23  5.4
147      강릉 7.3 7.8 3.2 2.5 0.682 0.012 1.5        17.2           26  2.6
148      강릉 7.0 7.5 5.2 4.5 0.587 0.015 2.9        20.6           40 10.3
149      강릉 7.7 8.1 3.4 1.8 0.654 0.010 1.5        18.2           82  4.9
150      강릉 8.2 5.5 5.2 7.6 1.188 0.035 2.4        22.0          104 18.0
>
```

그림 8.3 의사결정나무와 랜덤포레스트 분석을 위한 자료 가공

subset( )은 자료를 추출하는 함수이기 때문에 기존 자료를 삭제 하지 않기 때문에 추출되지 못한 자료의 흔적이 남아 있게 된다. 예를 들어, table(lake.s$Location)의 결과 춘천의 자료가 0으로 남아 있게 된다. 이는 의사결정나무와 랜덤포레스트 분석에 영향을 미치기 때문에 droplevels( ) 함수를 이용하여 "춘천" 자료를 삭제하자.

마지막으로 분류의 기준이 될 범주형 자료인 지역(Location)을 제외하고 다른 범주형 변수(Year, Month, Season) 삭제가 필요하다. dataset$변수=NULL은 자료에서 특정 열(column)을 삭제하는 함수로써, 범주형 변수인 연도(Year), 달(Month), 계절(Season)을 차례대로 삭제해보자.

8.4 자료 분석

8.4.1 의사결정나무 : party 패키지(ctree, ConfusionMatrix)

* 필요 패키지 : party, caret

caret 패키지는 다양한 머신러닝 알고리즘을 비교할 수 있는 함수를 제공하기 때문에 분류 혹은 예측 모델 선택을 위한 의사결정에 큰 도움이 되는 패키지이다. party와 rpart 패키지로 분석되는 의사결정나무의 분류 모델을 비교하기 위해 반드시 필요하므로 패키지를 미리 설치해놓도록 하자.

의사결정나무 분석 방법은 기본적으로 지도학습(supervised learning) 알고리즘으로 계산되기 때문에 전체 자료를 훈련 자료와 실험 자료로 구분해야 한다. caret 패키지의 함수 중 createDataPartition( ) 함수를 이용하면 쉽게 훈련 자료와 실험 자료를 구분할 수 있다. 함수 내 p값을 조절하여 훈련 자료의 양을 조절할 수 있는데, 일반적으로 훈련 자료를 70~80%, 실험 자료를 20~30%로 구분하기 때문에 p값을 0.7로 정하였다. head( ) 함수를 이용해서 createDataPartition( )의 결괏값을 확인해보면 무작위로 70% 자료의 행 숫자가 결정된 것을 확인할 수 있고, 이 정보를 이용하여 train과 test에 각 훈련 자료와 실험 자료를 할당하였다.

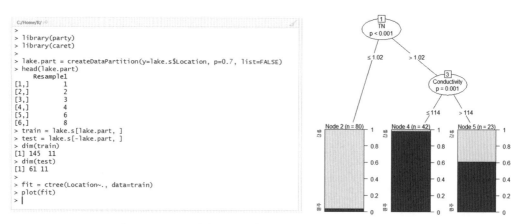

그림 8.4 party 패키지를 이용한 의사결정나무 분석 및 결과

8.2절에서 다루었듯이 party 패키지는 별도의 가지치기 과정이 없기 때문에 간단한 함수로 의사결정나무 분석을 수행할 수 있다. ctree( ) 함수에 전체 자료(data=train)와 분류하고자하는 범주형 변수와 다른 독립 변수와의 함수(Location~.; .은 Location을 제외한 다른 모든 독립변수)를 입력하면 된다. plot( ) 함수로 최종 결정된 나무를 가시화해보자.

뿌리마디 1개(node1), 중간마디 1개(node3), 끝마디 3개(node2,4,5)로 구성된 비교적 간단한 나무가 결정이 되었다. party는 통계적 유의성을 기준으로 마디가 결정되기 때문에 2개의 분류로 나눠지는 마디(node1, node3)에 분류기준의 되는 변수와 p-value가 입력되어 있는 것을 확인할 수 있다. 첫 번째 마디에서 TN이 1.02 이하일 경우에는 80개의 자료 (n=80) 중 약 90% 이상의 자료가 강릉 지역(회색)으로 분류됨을 확인할 수 있다. TN이 1.02 초과하면서 Conductivity가 114 이하일 경우에는 42개의 자료(n=42) 중 약 95% 이상이 원주 지역(검은색)으로 분류된다. 하지만 Conductivity가 114 초과일 경우에는 강릉 (40%)과 원주(60%) 지역이 명확히 분류되지 않는다. 즉, 총 145개의 훈련 자료 중 122개의 자료는 높은 예측력으로 지역별 분류가 가능하다는 것을 알 수 있다.

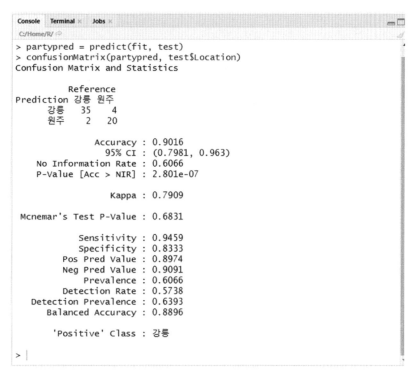

그림 8.5 ConfusionMatrix( ) 함수를 이용한 분류 party 패키지의 분류 정확도 평가

predict( ) 함수를 사용해서 실험 자료의 지역을 예측한 후, confusionMatrix(예측값, 결괏값) 함수를 사용해서 party 패키지의 분류 모델의 정확성을 평가해보자. ConfusionMatrix( ) 함수는 분류 모델의 정확도를 평가하는 기법이다. 예측결과에 따르면 37개의 강릉지역 자료 중 35개, 24개의 원주지역 자료 중 20개가 각각 정확히 분류되었으며, 6개의 자료(2개 : 강릉>원주, 4개 : 원주>강릉)가 오분류되었다. 모델의 예측 정확도(Accuracy)는 90.16%로 상당히 높은 것을 알 수 있다.

8.4.2 의사결정나무 : rpart 패키지(rpart, prune)

* 필요 패키지 : rpart, rpart.plot

rpart 패키지를 이용한 의사나무결정 방법은 rpart( ) 함수를 이용하며, party 패키지의 ctree( ) 함수와 동일하게 분류하고자하는 범주형 변수와 다른 변수와의 함수를 입력하면 된다. party 패키지와 다른 점은 별도의 가치지기(prune) 과정을 거쳐야 하기 때문에 추가적인 분석을 수행해야 한다. rpart 패키지는 printcp( ) 함수를 이용하여 초기 분류 모델을 교차검증(cross-validation)을 해주며, CP(complexity parameter)값을 기준으로 의사결정나무의 분류 모델의 오류율을 계산해준다. CP값이 낮을수록 의사결정나무의 오분류율이 낮으며, 가장 늦은 CP값을 가지는 가지의 개수를 선택하면 된다. plotcp( ) 함수 결과나무가 2일 때 가장 낮은 오분류율을 가지므로 해당 결과를 prune( ) 함수에 적용하여 가지치기를 진행하면 된다. CP값에 2가 아닌 "fit2$cptable[which.min(fit2$cptable[,"xerror"]), "CP"]"을 입력하였는데, 이는 자동으로 CP값이 가장 작은 나무 값을 선정하는 명령하니 참고하길 바란다.

R에서는 rpart 패키지의 의사결정나무 결과 가시화를 향상시키기 위하여 rpart.plot 패키지를 별도로 제공하고 있다. rpart.plot( ) 함수를 이용하여 가지치기 전후의 의사결정나무 가시화 결과를 비교해보면, 가지치기를 통해 의사결정나무가 상당히 단순해짐을 확인할 수 있다. rpart.plot( ) 함수에서 마디의 결과는 각각 마디의 성질, 순도, 상대분포를 나타낸다. 성질은 각 마디의 분류 결과(원주 vs 강릉)를, 순도는 각 마디에서의 분류 결과의 비중을 의미한다. 예를 들어 가지치기 후의 끝마디를 보게 되면, TN 1 이하의 자료는 강릉

```
Console   Terminal ×   Jobs ×
C:/Home/R/

>
> library(rpart)
> library(rpart.plot)
>
> fit2 = rpart(Location~., data=train, method='class')
> rpart.plot(fit2)
>
> printcp(fit2)

Classification tree:
rpart(formula = Location ~ ., data = train, method = "class")

Variables actually used in tree construction:
[1] Conductivity DO            TN

Root node error: 58/145 = 0.4

n= 145

        CP nsplit rel error  xerror     xstd
1 0.775862      0   1.00000 1.00000 0.101710
2 0.043103      1   0.22414 0.31034 0.068458
3 0.010000      3   0.13793 0.32759 0.070057
> plotcp(fit2)
> prune.tree = prune(fit2, cp= fit2$cptable[which.min(fit2$cptable[,"xerror"]),"CP"])
> rpart.plot(prune.tree)
>

> |
```

그림 8.6 rpart 패키지를 이용한 의사결정나무 분석 및 CP 분석 결과

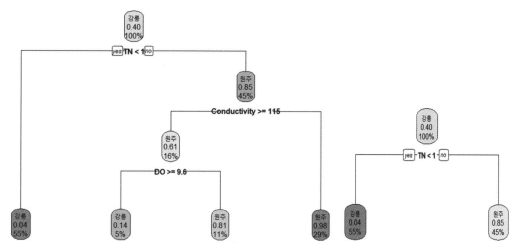

그림 8.7 rpart.plot 패키지를 의사결정나무 가시화 결과. 가지치기 전(왼쪽)과 가지치기 후(오른쪽)
(컬러 도판 p.155 참조)

지역으로 분류되며, 해당 마디의 자료 중 99.6%는 강릉으로 분류되었음을 알 수 있다. 또한 TN 1 초과의 자료는 원주로 분류되며, 해당 마디의 자료 중 85%는 원주로 분류되었다. 순도 결과는 각 마디의 색 진하기를 토대로도 추정가능하다. 마지막으로 각 마디의 %로 표기되어 있는 결과는 각 마디가 전체 자료에 속하는 상대분포를 의미한다. 즉, 강릉과 원주로 분류된 자료는 각각 전체 자료의 55%와 45%를 차지하는 것을 알 수 있다.

rpart 패키지로 제작한 의사결정나무의 정확성은 predict( )와 confusionMatrix( ) 함수를 사용해서 평가해보자. 가지치기 전후의 의사결정나무는 각각 88.5%, 90.2%의 정확도로 분류되었다. 가지치기를 진행한 후 의사결정나무의 정확도가 증가함을 알 수 있다. party 패키지와 rpart 패키지(가지치기 후)의 의사결정나무의 구조는 서로 다르지만 정확성은 동일하게 나타난다. 각 패키지별 의사결정나무의 정확도는 자료의 종류마다 달라질 수 있기 때문에 항상 비교평가를 수행한 후 의사결정나무의 최종 구조를 결정하는 것이 좋다.

```
> rpartpred1 = predict(fit2, test, type='class')
> confusionMatrix(rpartpred1, test$Location)
Confusion Matrix and Statistics

          Reference
Prediction 강릉 원주
     강릉   35    5
     원주    2   19

               Accuracy : 0.8852
                 95% CI : (0.7778, 0.9526)
    No Information Rate : 0.6066
    P-Value [Acc > NIR] : 1.48e-06

                  Kappa : 0.7542

 Mcnemar's Test P-Value : 0.4497

            Sensitivity : 0.9459
            Specificity : 0.7917
         Pos Pred Value : 0.8750
         Neg Pred Value : 0.9048
             Prevalence : 0.6066
         Detection Rate : 0.5738
   Detection Prevalence : 0.6557
      Balanced Accuracy : 0.8688

       'Positive' Class : 강릉
```

```
> rpartpred2 = predict(prune.tree, test, type='class')
> confusionMatrix(rpartpred2, test$Location)
Confusion Matrix and Statistics

          Reference
Prediction 강릉 원주
     강릉   35    4
     원주    2   20

               Accuracy : 0.9016
                 95% CI : (0.7981, 0.963)
    No Information Rate : 0.6066
    P-Value [Acc > NIR] : 2.801e-07

                  Kappa : 0.7909

 Mcnemar's Test P-Value : 0.6831

            Sensitivity : 0.9459
            Specificity : 0.8333
         Pos Pred Value : 0.8974
         Neg Pred Value : 0.9091
             Prevalence : 0.6066
         Detection Rate : 0.5738
   Detection Prevalence : 0.6393
      Balanced Accuracy : 0.8896

       'Positive' Class : 강릉
```

그림 8.8 가지치기 전후의 rpart 패기지의 분류 정확도 평가

8.4.3 랜덤포레스트(randomforest, rf.signifcance, train)

＊필요 패키지 : randomForest, rfUtilities

randomForest( ) 함수는 입력 자료(data＝lake.s), 분류하고자 하는 범주형 변수와 다른

변수와의 함수(Location~.), bootstrap 기법으로 만드는 나무 개수(ntree=501)를 주 매개 변수로 한다. 또한 변수의 중요도와 proximity matrix를 별도로 계산하려면 importance와 proximity 매개변수에 TRUE로 입력하면 된다. ntree의 크기를 늘리면 분류 예측도는 향상되겠지만, 분석 소요시간이 증가하므로 plot(랜덤포레스트결과)를 이용해서 적당한 ntree를 결정하는 것이 중요하다. 그리고 begging 과정에서 특정 마디에서의 다수결 결정 결과가 비기지 않도록 ntree 값은 홀수를 넣는 것을 추천한다.

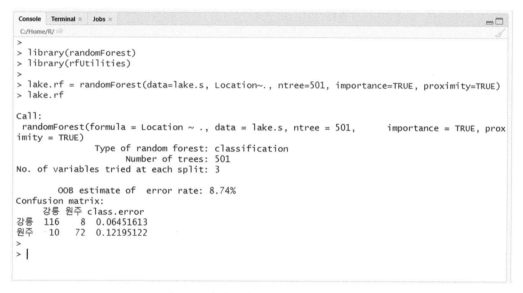

그림 8.9 랜덤포레스트 분석 및 분류 결과

랜덤포레스트 결과에서 중점적으로 봐야 할 항목은 No. of variables tried at each split, OBB(out of bag) estimate of error rate, class.error이다. No. of variables tried at each split는 중간 마디에서 선택되는 변수의 개수를 의미하며 우리의 결과에서는 3개의 변수(mtry)가 사용되었음을 알 수 있다. OBB estimate of error rate는 랜덤포레스트의 분류 모델이 범주형 변수를 오분류할 확률이며, 해당 확률은 각 범주형 변수별 오분류율(class.error)의 평균값이기도 하다. 8.74% 우수한 결과라고 할 수는 없지만 환경 시료임을 감안하면 랜덤포레스트의 분류 모델의 정확도가 상당히 정확함을 알 수 있다. 마지막으로 Class.error는 confusion matrix 바탕으로 범주형 변수별 오분류를 나타낸다. 강릉(6.45%)이 원주(12.20%)보다 분류 정확도가 높음을 알 수 있다.

랜덤포레스트 분류 모델이 높은 예측력을 가지고 있음에도 불구하고 분류 모델의 성능이 얼마나 좋은지 위의 결과로는 알기 어렵다. 랜덤포레스트의 분류 모델의 성능을 평가하기 위해서 주로 순열검정(permutation test)과 교차검정(cross-validation)을 수행한다. permutation test는 자료를 무작위로 추출하여 인공적으로 시료 숫자를 늘려 전체 자료를 통계 검정이 가능한 크기만큼 키운 다음, 원래 주어진 통계값이 전체 모수와 얼마나 유의하게 차이 나는지 검정하는 방법이다. rfUtilities 패키지에서 제공하는 rf.significance( ) 함수를 이용하면 순열검정을 통해 분류 모델의 성능을 평가할 수 있다. 입력 변수로는 전체 자료와 랜덤포레스트 결괏값, 랜덤포레스트와 동일한 나무 개수(ntree=501), 무작위 자료 추출 개수(nperm=1000)이다. 무작위로 추출한 분류 모델(Random OOB error : 45.15%)과 비교하여 랜덤포레스트의 분류 모델(Model OBB error : 9.71%)이 우수함을 알 수 있다.

```
Console   Terminal ×   Jobs ×                                                    ─□
C:/Home/R/
>
> lake.rf.sig = rf.significance(xdata=lake.s, x=lake.rf, ntree=501, nperm=1000)
> lake.rf.sig
Number of permutations:  1000
p-value:  0
Model signifiant at p = 0
          Model OOB error:  0.09708738
          Random OOB error:  0.4514563
          min random global error: 0.3252427
          max random global error:  0.5582524
          min random within class error: 0.625
          max random within class error:  0.625
>
> fit_control = trainControl( method = "LOOCV" )
> lake.rf.loocv = train(data=lake.s, Location~. , method="rf", ntree=501 , tuneGr
id=data.frame( mtry=3 ) , trControl=fit_control )
> lake.rf.loocv$results
  mtry  Accuracy      Kappa
1    3 0.9223301 0.8372506
>
> |
```

그림 8.10 permutation test와 cross-validation을 이용한 랜덤포레스트 분류 모델 정확성 평가

또 다른 분류 모델 성능 평가 방법인 교차검정은 훈련 자료와 실험 자료를 반복 추출하여 분류 모델을 평가하는 방법으로써 가장 간단한 방법은 leave-one-out 교차검정(전체 자료에서 순차적으로 한 자료를 빼면서 자료의 개수만큼 교차검정 수행)이다. caret 패키지에 포함되어 있는 trainControl( )와 train( ) 함수를 이용하면 어렵지 않게 leave-one-out 교차검정을 수행할 수 있다. trainContro( ) 함수에서 "LOOCV"를 선택하면 leave-one-out 교차검정 방법을 입력하게 된다. train( ) 함수 사용 시 주의사항은 mtry 값에 반드시 분류 모델에서 마디에서 선택된 변수의 개수와 동일한 값을 입력해야 한다(mtry=3). 교차검정에 의한 분류 모델의 정확도(Accuracy)는 92.2%로 매우 우수하게 나오는 것을 확인할 수 있다.

랜덤포레스트 결과는 의사결정나무와 달리 가시화 방법이 별도로 정해져 있지 않지만, 랜덤포레스트 패키지 내 MDSplot( ) 함수(fac변수에 분류하고자 하는 범주형 변수를 입력)를 이용하면 분류 모델을 적용한 자료의 분포를 가시화할 수 있다.

랜덤포레스트 분석은 변수의 중요도를 평가하고 모델에 사용할 수 있는 변수를 선택하는 데 사용할 수 있다. 변수의 중요도는 정확도와 마디의 불순도 개선에 얼마만큼 기여하는 지로 측정하며, importance( ) 함수를 이용하여 계산 가능하다. 정확도 개선의 중요한 변수는 MeanDecreaseAccuracy의 값으로 판단하며, TN(47.5), Conductivity(16.6), TOC(140), COD(9.2) 순으로 중요하게 나타난다. 마디의 불순도 개선에 중요한 변수는 MeanDecreseGini의 값으로 판단하며, TN(43.2), Conductivity(11.8), TOC(7.1), TP(6.8) 순으로 나타났다. 변수의 중요도는 varImpPlot( ) 함수를 이용하여 가시화도 가능하다.

```
Console   Terminal ×   Jobs ×                                                    ━ ☐
C:/Home/R/ ⇨
>
> MDSplot(lake.rf, fac=lake.s$Location, pch=20, palette = c("red", "blue"))
> legend("topright", legend=c("강릉", "원주"), text.col=c("red", "blue"))
>
> importance(lake.rf)
                   강릉        원주 MeanDecreaseAccuracy MeanDecreaseGini
Year         -1.589904  6.102907            3.9139564        1.5025748
Month         3.491062  6.661555            7.0655785        2.4115289
Season       -1.894992  2.203328            0.3787073        0.4438163
pH            1.540068 -1.029977            0.2459403        2.4498036
DO            1.097904  5.930959            5.0321931        4.8344129
COD           4.344536  8.253684            9.1809129        4.1364759
SS            6.098431  3.277186            7.3383503        6.0845314
TN           35.646207 49.847568           47.5123390       43.1555135
TP            5.208398  6.467307            8.0242566        6.8279263
TOC           7.882643 11.451238           13.9509341        7.0987191
Temperature   5.008455  2.951885            5.6401366        3.5028732
Conductivity 10.187325 15.465983           16.6404471       11.8495160
Chla          4.522398  3.596127            6.1585269        3.8942866
> varImpPlot(lake.rf)
>
> |
```

그림 8.11 랜덤포레스트 분류 결과 가시화 및 변수의 중요도 분석

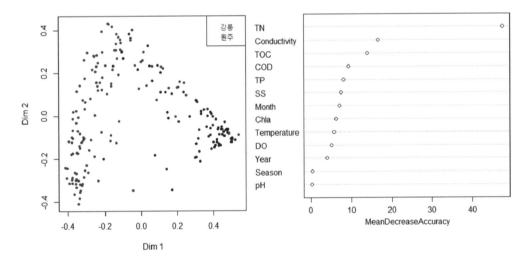

그림 8.12 MDSplot( )과 varImpPlot( ) 결과(컬러 도판 p.156 참조)

컬러 도판

```
> library(ggplot2)
> library(gridExtra)
>
> p1 = ggplot(data = lake, aes(x=TN, y=TP)) + geom_point()
>
> p2 = ggplot(data = lake, aes(x=TN, y=TP)) + geom_point(size=2)
>
> p3 = ggplot(data = lake, aes(x=TN, y=TP, color=Location)) + geom_point(size=2)
>
> p4 = ggplot(data = lake, aes(x=TN, y=TP, color=Location, shape=Season)) + geom_point(size=2)
>
> grid.arrange(p1,p2,p3,p4, ncol=2)
```

그림 3.2 geom_point( ) 함수 및 aes 응용(본문 p.31 수록)

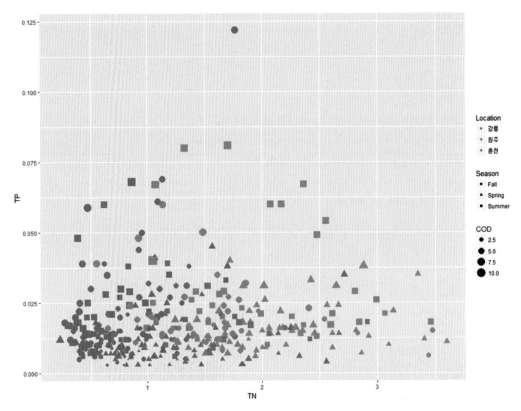

그림 3.3 geom_point( ) 함수 응용(본문 p.32 수록)

```
>
> p1 = ggplot(data = lake, aes(x=Location, y=Chla)) + geom_boxplot()
>
> p2 = ggplot(data = lake, aes(x=Location, y=Chla, fill=Location)) + geom_boxplot()
>
> p3 = ggplot(data = lake, aes(x=Location, y=Chla, fill=Season)) + geom_boxplot()
>
> p4 = ggplot(data = lake, aes(x=Location, y=Chla, color=Season)) + geom_boxplot(fill="white") +
+     geom_point(position=position_jitterdodge(dodge.width=0.8), alpha=0.5)
>
> grid.arrange(p1,p2,p3,p4, ncol=2)
```

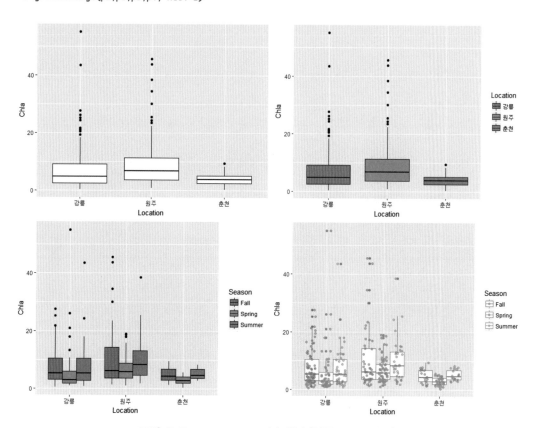

그림 3.5 geom_boxplot( ) 함수(본문 p.34 수록)

```
> lake.melt=melt(lake, id.vars=c("Location", "Month", "Year", "Season"))
> lake.d.mean=dcast(lake.melt, Location+Year~variable, mean)
> lake.d.sd=dcast(lake.melt, Location+Year~variable, sd)
>
> ggplot(data=lake.d.mean, aes(x=Location, y=COD, fill=factor(Year))) +
+   geom_bar(stat="identity", position="dodge")+
+   geom_errorbar(data=lake.d.sd,
+                 aes(x=Location, ymin=lake.d.mean$COD-lake.d.sd$COD,
+                     ymax=lake.d.mean$COD+lake.d.sd$COD),
+                 position=position_dodge(0.9), width=0.2)
> |
```

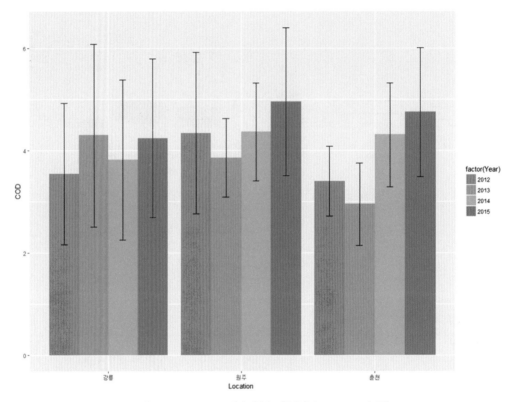

그림 3.6 geom_bar( ) 함수 활용(본문 p.35 수록)

```
Console C:/R/ /0
> ggplot(data=lake, aes(x=TOC, y=TN, color=Location)) + geom_point(size=2) + facet_grid(.~Location)
>
> ggplot(data=lake, aes(x=TOC, y=TN, color=Location)) + geom_point(size=2) + facet_grid(Location~.)
>
> ggplot(data=lake, aes(x=TOC, y=TN, color=Location)) + geom_point(size=2) + facet_grid(Location~Season)
>
>
```

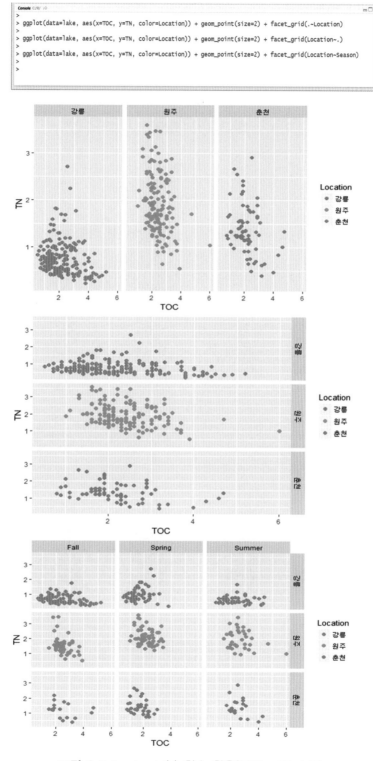

그림 3.7 facet_grid( ) 함수 활용(본문 p.37 수록)

```
Console C/R/ :
>
> lake$Season=factor(lake$Season, levels=c("Spring", "Summer", "Fall"))
> p1=ggplot(data=lake, aes(x=TOC, y=TN, color=Season)) + geom_point(size=2) + facet_grid(.~Season) +
+   theme(legend.position="none")
>
> p2=ggplot(data=lake, aes(x=TOC, y=TN, color=Season)) + geom_point(size=2) + facet_grid(.~Season) +
+   scale_color_manual(values=c("green", "blue", "red")) + theme(legend.position="none")
>
> p3=ggplot(data=lake, aes(x=TOC, y=TN, color=Season)) + geom_point(size=2) + facet_grid(.~Season) +
+   scale_color_brewer(palette="Set2") + theme(legend.position="none")
>
> p4=ggplot(data=lake, aes(x=TOC, y=TN, color=Chla)) + geom_point(size=2) + facet_grid(.~Season) +
+   scale_colour_gradient(low="red", high="white") + theme(legend.position="none")
>
> grid.arrange(p1, p2, p3, p4, ncol=2)
>
```

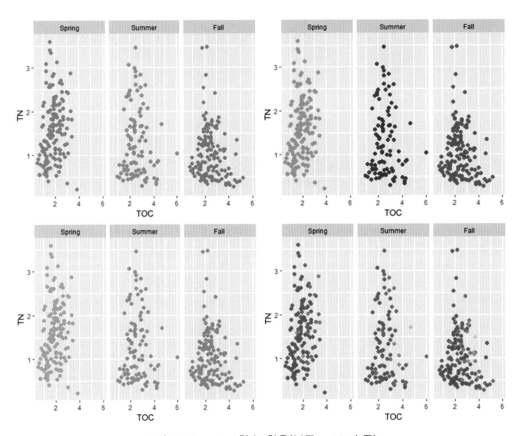

그림 3.10 scale 함수 활용(본문 p.40 수록)

```
Console C:/R/ ⌂

>
> p1=ggplot(data=lake, aes(x=TOC, y=TN, color=Season)) + geom_point(size=2) +
+   theme_bw() + theme(legend.position="none")
>
> p2=ggplot(data=lake, aes(x=TOC, y=TN, color=Season)) + geom_point(size=2) +
+   theme_bw() + theme(legend.position="none")+
+   theme(panel.grid.major=element_blank(), panel.grid.minor= element_blank())
>
> p3=ggplot(data=lake, aes(x=TOC, y=TN, color=Season)) + geom_point(size=2) +
+   theme_bw() + theme(legend.text=element_text(color="red"))+
+   theme(panel.grid.major = element_blank(), panel.grid.minor = element_blank())+
+   theme(axis.text.x=element_text(size=14), axis.title.y=element_text(size=16, face="bold"))
>
> p4=ggplot(data=lake, aes(x=TOC, y=TN, color=Season)) + geom_point(size=2) + facet_grid(.~Season) +
+   theme(strip.background=element_rect(fill="orange"), strip.text=element_text(size=16))
>
> grid.arrange(p1, p2, p3, p4, ncol=2)
> |
```

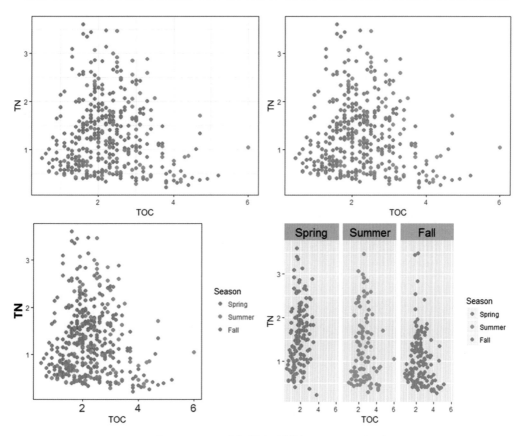

그림 3.11 theme( ) 함수 활용(본문 p.42 수록)

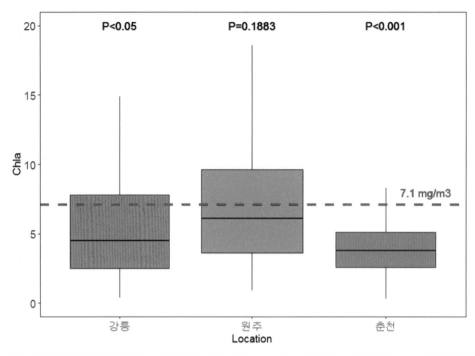

```
Console C:/R/
>
> ggplot(data=lake, aes(x=Location, y=Chla, fill=Location)) +
+   geom_boxplot(outlier.color = NA) +
+   geom_hline(yintercept=7.1, color="red", lty="dashed", size=1.5)+
+   geom_text(x=3.3, y=8, label="7.1 mg/m3", color="red", size=5)+
+   geom_text(x=1, y=20, label="P<0.05", color="black", size=5)+
+   geom_text(x=2, y=20, label="P=0.1883", color="black", size=5)+
+   geom_text(x=3, y=20, label="P<0.001", color="black", size=5)+
+   ylim(0,20)+
+   theme_bw()+
+   theme(panel.grid.major = element_blank(), panel.grid.minor = element_blank())+
+   theme(axis.title=element_text(size=14), axis.text=element_text(size=14))+
+   theme(legend.position = "NULL")
Warning message:
Removed 21 rows containing non-finite values (stat_boxplot).
> |
```

그림 4.13 one-sample wilcox.test 그래프와 R script 예시(본문 p.58 수록)

```
Console C/R/ ∅                                                                    ⧉▢
>
> library(corrplot)
>
> cor=round(cor(lake.su[ ,5:14], method="spearman"),2)
>
> corrplot(cor, method="shade", shade.col=NA, tl.col="black", tl.srt=45)
>
> corrplot(cor, method="number", type="lower", tl.col="black", tl.srt=45)
>
> corrplot(cor, method="circle", type="lower", order="hclust", tl.col="black", tl.srt=45)
>
> cor.melt=melt(cor)
> ggplot(data=cor.melt, aes(x=Var1,y=Var2, fill=value))+geom_tile(color="white")+
+     scale_fill_gradient2(low="blue",high="red",mid="white") +
+     geom_text(aes(x=Var1,y=Var2,label=value),color="black") +
+     theme_bw()+
+     theme(axis.title=element_blank())
> |
```

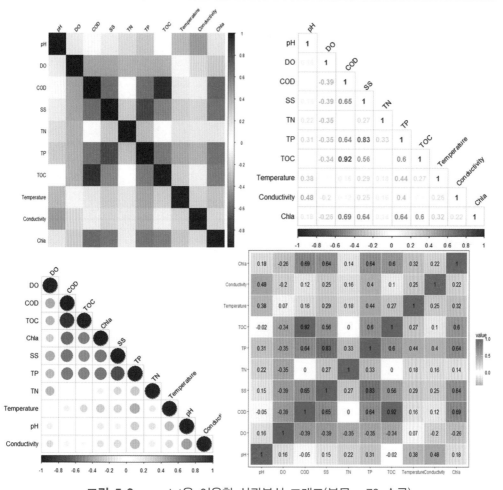

그림 5.9 corrplot을 이용한 상관분석 그래프(본문 p.70 수록)

```
Console C:/R/ ▵
>
> text=data.frame(x=13, y=6, Season=c("Fall", "Spring", "Summer"),
+                 lab=factor(c("rho=0.3954, P<0.05", "rho=0.5323, P<0.05", "rho=0.5993, P<0.05")))
>
> ggplot(data=lake, aes(x=Chla,y=TOC, color=Season)) +
+   geom_point(size=2) +
+   geom_smooth(method="lm") +
+   geom_text(data=text, aes(x,y, label=lab),size=5)+
+   facet_wrap(~Season) +
+   xlim(0,25) +
+   theme_bw()+
+   theme(legend.position = "NULL")
Warning messages:
1: Removed 11 rows containing non-finite values (stat_smooth).
2: Removed 11 rows containing missing values (geom_point).
> |
```

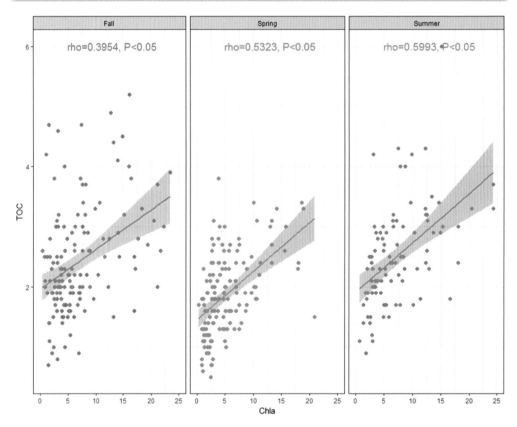

그림 5.10 대응하는 변수들의 분포를 표기하는 상관분석 그래프(본문 p.71 수록)

FORWARD SELECTION

mpg	cyl	disp	drat	wt	qsec	vs	am	gear	carb
	#1								
									#2
		#3							
				#4					

STEPWISE SELECTION STARTING WITH NO MODEL

mpg	cyl	disp	drat	wt	qsec	vs	am	gear	carb
	#1								
									#2
		#3							
						#4			
	#5								

Backward Selection

mpg	cyl	disp	drat	wt	qsec	vs	am	gear	carb
					#1				
			#2						
							#3		
						#4			
	#5								
					#6				

그림 6.3 다중회귀분석에서의 변수 선택(본문 p.79 수록)

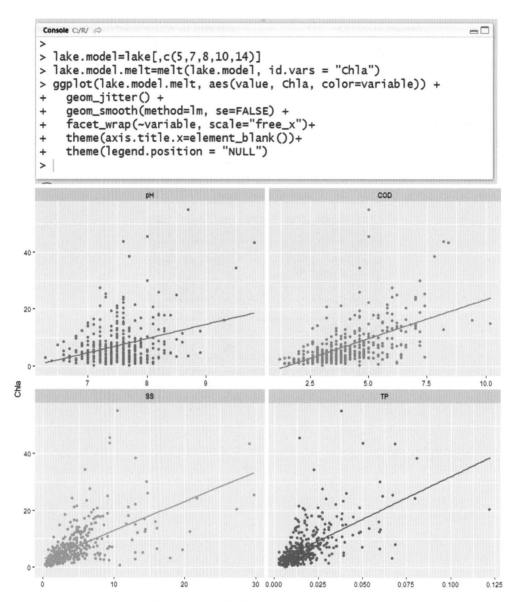

```
Console C:/R/ ⬿
>
> lake.model=lake[,c(5,7,8,10,14)]
> lake.model.melt=melt(lake.model, id.vars = "Chla")
> ggplot(lake.model.melt, aes(value, Chla, color=variable)) +
+   geom_jitter() +
+   geom_smooth(method=lm, se=FALSE) +
+   facet_wrap(~variable, scale="free_x")+
+   theme(axis.title.x=element_blank())+
+   theme(legend.position = "NULL")
>
```

그림 6.18 다중회귀분석에 활용된 독립변수와 종속변수(본문 p.94 수록)

군집(clustering)

분류(classification)

- Unsupervisedlearning
- Identify structure in data set(No target attribute)
- Group data into clusters based on similarity
- No label
- Clustering & Dimensionality reduction(e.g. K-means, PCA, MDS)

- Supervisedlearning(training date)
- Discover patterns in the data sets by generating a "Rule" or "Formula" to predict labels of novel or unseen date set
- Make labels for some points
- Regression(linear.polynomial) & Decision trees & Random Forest

그림 7.1 군집과 분류의 차이(본문 p.100 수록)

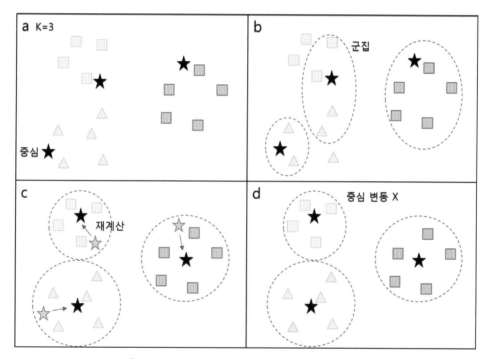

그림 7.3 k-mean의 군집화 방법(본문 p.103 수록)

```
Console C/R/ ⇦                                                             ▭◻
>
> predict = predict(pca, newdata=lake.test[ ,c(7:11)])
>
> COLOR=c(2:4)
> plot(pca$x[ ,c(1,2)], col=COLOR[lake.train$Location], cex=1.5)
> points(predict[ ,c(1,2)], col=COLOR[lake.test$Location], pch=16, cex=1.5)
> legend("topright", legend=levels(lake$Location), fill = COLOR, border=COLOR)
> |
```

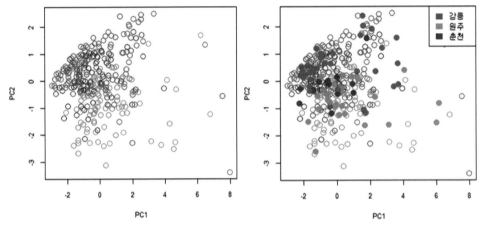

그림 7.9 predict( )를 이용한 PCA 분석 결과 평가(본문 p.110 수록)

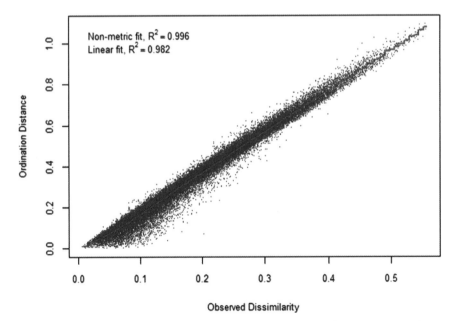

그림 7.11 stressplot( ) 함수를 활용한 NMDS 분석 평가(본문 p.112 수록)

```
Console C:/R/
>
> COLOR=c(2:4)
> plot(nmds, type="n")
> points(nmds, display="sites", col=COLOR[lake.train$Location])
> legend("topright", legend=levels(lake.train$Location), fill = COL
OR, border=COLOR)
>
>
```

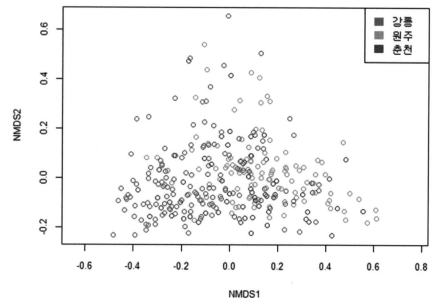

그림 7.12 MDS 분석 결과 그래프로 나타내기(본문 p.113 수록)

```
Console C:/R/

>
> #nmds = metaMDS(lake[,7:11], k=2, distance="bray", trymax=50,
>                     engine="monoMDS", autotransform=TRUE)
Error: unexpected ',' in "                     engine="monoMDS","
>
> nmds.new = as.data.frame(scores(nmds, display="sites"))
> nmds.new$Location = as.factor(lake$Location)
> nmds.new$Season = as.factor(lake$Season)
> head(nmds.new)
         NMDS1        NMDS2 Location Season
1 -0.26595758  0.08480879     강릉 Spring
2 -0.07237050 -0.28636845     강릉 Spring
3  0.06935262  0.08539184     강릉 Spring
4 -0.02313114  0.15839116     강릉 Spring
5 -0.36336440  0.16795315     강릉 Spring
6 -0.23230327  0.20744171     강릉 Spring
>
> ggplot(data=nmds.new, aes(x=NMDS1, y=NMDS2, color=Location)) +
+   geom_hline(yintercept=0, lty="dashed")+
+   geom_vline(xintercept=0, lty="dashed")+
+   geom_point(size=3) +
+   scale_colour_manual(values=c("강릉"="red", "원주"="blue", "춘천"="green"))+
+   theme_bw()+
+   theme(panel.grid.major = element_blank(), panel.grid.minor = element_blank())
```

그림 7.15 ggplot( )을 이용한 NMDS 분석 결과 그래프(본문 p.116 수록)

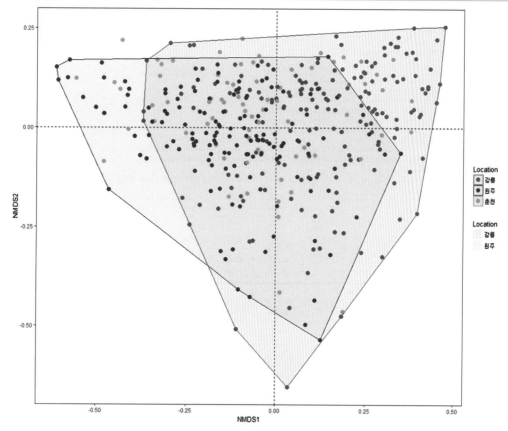

```
Console C:/Home/Yonsei/외부 봉사/2017_환경자료분석 책/  
>
> location.w=nmds.new[nmds.new$Location=="원주",][chull(nmds.new[nmds.new$Location=="원주",c("NMDS1","NMDS2")]),]
> location.g=nmds.new[nmds.new$Location=="강릉",][chull(nmds.new[nmds.new$Location=="강릉",c("NMDS1","NMDS2")]),]
>
> nmds.new.2=rbind(location.w, location.g)
>
> ggplot(data=nmds.new, aes(x=NMDS1, y=NMDS2, color=Location)) +
+    geom_hline(yintercept=0, lty="dashed")+
+    geom_vline(xintercept=0, lty="dashed")+
+    geom_point(size=3) +
+    geom_polygon(data=nmds.new.2, aes(fill=Location, group=Location), alpha=0.1)+
+    scale_colour_manual(values=c("강릉"="red", "원주"="blue", "춘천"="green"))+
+    theme_bw()+
+    theme(panel.grid.major = element_blank(), panel.grid.minor = element_blank())
>
```

그림 7.16 군집을 면적으로 표기하는 그래프 표기법(본문 p.117 수록)

```
Console C:/Home/Yonsei/외부 봉사/2017_환경자료분석 책/ ⇦
>
> vec=envfit(nmds, lake[,5:14], perm=999)
> vec

***VECTORS

                 NMDS1     NMDS2      r2  Pr(>r)
pH             0.01910  -0.99982  0.0816  0.001 ***
DO            -0.08041   0.99676  0.0134  0.066 .
COD            0.74156  -0.67088  0.3630  0.001 ***
SS             0.11482  -0.99339  0.7717  0.001 ***
TN            -0.98164  -0.19072  0.6903  0.001 ***
TP             0.11837  -0.99297  0.6608  0.001 ***
TOC            0.85354  -0.52102  0.3546  0.001 ***
Temperature    0.50184  -0.86496  0.1344  0.001 ***
Conductivity   0.00454  -0.99999  0.1286  0.001 ***
Chla           0.20221  -0.97934  0.3004  0.001 ***
---
Signif. codes:  0 '***' 0.001 '**' 0.01 '*' 0.05 '.' 0.1 ' ' 1
Permutation: free
Number of permutations: 999


> arrow=as.data.frame(scores(vec, display="vectors"))
> arrow=cbind(arrow, variable=rownames(arrow))
> ggplot(data=nmds.new, aes(x=NMDS1, y=NMDS2)) +
+   geom_hline(yintercept=0, lty="dashed")+
+   geom_vline(xintercept=0, lty="dashed")+
+   geom_point(aes(color=Location), size=3)+
+   geom_segment(data=arrow, aes(x=0, y=0, xend=NMDS1, yend=NMDS2),
+               arrow=arrow(length=unit(0.25,"cm")),colour="black")+
+   geom_text(data=arrow, aes(x=NMDS1, y=NMDS2, label=variable))+
+   theme_bw()+
+   theme(panel.grid.major = element_blank(), panel.grid.minor = element_blank())
> |
```

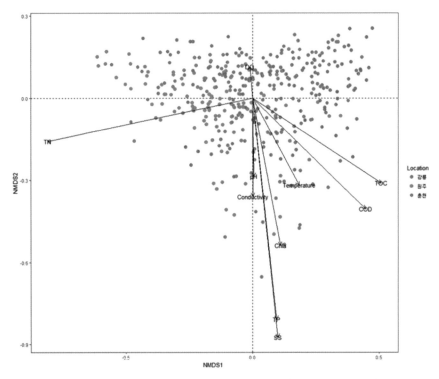

그림 7.17 변수를 벡터로 표기하는 그래프(본문 p.118 수록)

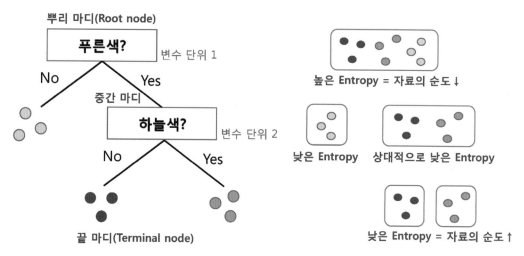

그림 8.1 의사결정나무 및 분류 결정 방법 예시(본문 p.123 수록)

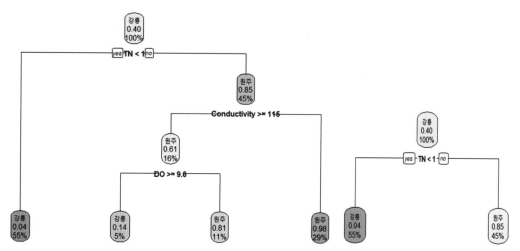

그림 8.7 rpart.plot 패키지를 의사결정나무 가시화 결과. 가지치기 전(왼쪽)과 가지치기 후(오른쪽)
(본문 p.131 수록)

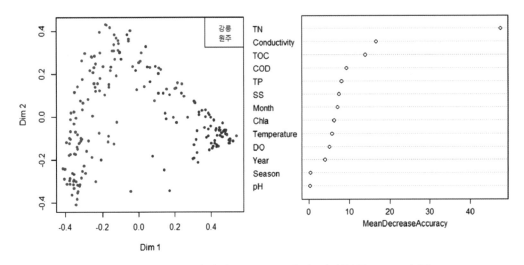

그림 8.12 MDSplot( )과 varImpPlot( ) 결과(본문 p.136 수록)

찾아보기

••• 저자 소개

이태권

연세대학교 생물학과를 졸업하고, 동 대학 토목환경공학과에서 박사학위를 받았다. 비엔나대학교 미생물생태학과에서 연구원 생활을 거쳐 현재 연세대학교 환경공학과 교수로 재직 중이다. 주로 미생물 생태, 생물학적 정화기술, 환경자료분석 등을 연구하고 있다.

R 을 활용한 기초 환경자료 분석 및 시각화 제2판

초 판 발 행	2018년 3월 9일
2판 1쇄	2019년 8월 16일

저 자	이태권
펴 낸 이	김성배
펴 낸 곳	도서출판 씨아이알

책 임 편 집	박영지, 최장미
디 자 인	김진희, 윤미경
제 작 책 임	김문갑

등 록 번 호	제2-3285호
등 록 일	2001년 3월 19일
주 소	(04626) 서울특별시 중구 필동로8길 43(예장동 1-151)
전 화 번 호	02-2275-8603(대표)
팩 스 번 호	02-2265-9394
홈 페 이 지	www.circom.co.kr

I S B N	979-11-5610-773-6 93530
정 가	15,000원

ⓒ 이 책의 내용을 저작권자의 허가 없이 무단 전재하거나 복제할 경우 저작권법에 의해 처벌받을 수 있습니다.